物質・材料テキストシリーズ　　藤原毅夫・藤森　淳・勝藤拓郎 監修

固体の電子輸送現象
半導体から高温超伝導体まで そして光学的性質

内田　慎一 著

内田老鶴圃

本書の全部あるいは一部を断わりなく転載または
複写(コピー)することは，著作権および出版権の
侵害となる場合がありますのでご注意下さい．

物質・材料テキストシリーズ発刊にあたり

　現代の科学技術の著しい進歩は，これまでに蓄積された知識や技術が次の世代に引き継がれて発展していくことの上に成り立っている．また，若い世代が先達の知識や技術を真剣に学ぶ過程で，好奇心・探求心が刺激され新しい発想が芽生えることが科学技術をさらに発展させてきた．蓄積された知識や技術の継承は世代間に限らない．現代の分化し専門化した様々な学問分野は常に再編や融合を模索しており，複数の既存分野の境界領域に多くの新しい発見や新技術が生まれる原動力となっている．このような状況においては，若い世代に限らず第一線で活躍する研究者・技術者も，周辺分野の知識と技術を学ぶ必要性が頻繁に生じてくる．とくに，科学技術を基礎から支える物質科学，材料科学は，物理学，化学，工学，さらには生命科学にわたる広範な学問分野にまたがっているため，幅広い知識と視野が必要とされ，基礎的な知識の十分な理解が必須となってきている．

　以上を背景に企画された本テキストシリーズは，物質科学，材料科学の研究を始める大学院学生，新しい研究分野に飛び込もうとする若手研究者，周辺分野に研究領域を広げようとする第一線の研究者・技術者が必要とする質の高い日本語のテキストを作ることを目的としている．科学技術の分野は国際化が進んでおり学術論文は大部分が英語で書かれているので，教科書・入門書も英語化が時代の流れであると考えがちである．しかし，母国語の優れた教科書はその国の科学技術水準を反映したもので，その国の将来の発展のポテンシャルを示すものでもある．大学院生や他分野の研究者の入門を目的とした優れた日本語のテキストは，我が国の科学技術の水準，ひいては文化水準を押し上げる役目を果たすと考える．

　本シリーズがカバーする主題は，将来の実用材料として期待されている様々な物質，興味深い構造や物性を示す物質・材料に加えて，物質・材料研究に欠かせない様々な測定・解析手法，理論解析法に及んでいる．執筆はそれぞれの分野において活躍されている第一人者にお願いし，「研究室に入ってきた学生

に最初に読ませたい本」を目指してご執筆いただいている．本シリーズが，学生，若手研究者，第一線の研究者・技術者が新しい分野を基礎から系統的に学ぶことの助けとなり，我が国の科学技術の発展に少しでも貢献できれば幸いである．

監修　藤原毅夫　藤森　淳　勝藤拓郎

まえがき

多数の電子が動き電流を運ぶという電子輸送現象は、最も単純な描像で理解できる固体の物理的性質である。多くの場合、電子を電場あるいは磁場下の古典力学に従う独立した荷電粒子と見なすことができる。しかし、本書の最初に強調するように、電気伝導で代表される固体の電子輸送現象は、本質的に量子力学が支配する現象である。さらに電子輸送現象は、固体中の膨大な数の相互作用する電子によりマクロなスケールで「創発」する現象である。固体は量子力学的波動としての電子の導波路であると考えてよい。光(電磁波)が光ファイバー中を伝播するように、電子も波として固体中を伝播する。実際、ある状況下では、量子力学のプランク定数 h が h/e^2 という形で電流の流れやすさの尺度となる電気伝導度に顔を出す。しかし、電気伝導度は、通常、電子の電荷 ($-e$) と質量、そして電子の数(密度)とで与えられ、その背景にある量子力学は見えてこない。

本書執筆の動機のひとつは、量子力学の原理、例えば、不確定性原理やパウリの原理、がどのように固体中の電子の運動を支配しているのか、そして、量子力学に従い運動している電子が、何故、固体中で古典的な荷電粒子のように振舞うのかという疑問に答えたいということにある。

電気伝導度は固体試料の電気抵抗測定から決定される。電気抵抗測定は固体物性実験の中でも最も基本的な測定法のひとつである。電気伝導度の大きさによって固体は金属、半導体、絶縁体というように分類され、多くの場合、それに対応して材料としての用途が決まる。

それだけではなく、新しい、未知の固体物質が発見・開発されたとき、真っ先に測定すべき物性は電気抵抗率であるといえる。実際、超伝導(1911年)、トランジスター(1956年)、量子ホール効果(1980年)、高温超伝導(1986年)、グラフェン(2012年)など、固体物理学上の重要な発見の90%以上は電気抵抗測定によりなされたものである。

光はエネルギーと情報をファイバーを通して伝達するのに対して、電子は固体中を伝播してエネルギーと電気を運ぶ(最近では、電子の磁気的性質を担うスピンの流れ—スピン流も重要な要素と認識されている)。電子がエネルギーと電流をどのように運ぶかは、固体の電子構造と電子間の相互作用、電子と格

子振動などとの相互作用が決めている．相互作用の様子は，電気伝導を調べるだけでわかるものではない．近年は，光電子分光や走査型トンネル顕微分光などの進化した分光手法が，これまで得られなかった詳細な固体中の原子レベルのミクロな電子情報や運動量空間の情報を与えてくれる．これらの進化した分光法を使えば固体のすべてが理解できると錯覚しがちである．最初に述べたように，固体の電気伝導は「創発」現象であり，個々の原子レベルで起こることとはかけ離れたものである．また，電子間の相互作用が非常に強くなると電子はその個別性を失う．高温超伝導銅酸化物の正常状態の電気伝導がその代表的な例である．その電気伝導メカニズムは，高温超伝導メカニズムと同様，発見後30年経とうとしている今もわかっていない．若い読者が近い将来この問題に挑戦するとき，多少ともその手助けになるようにすることも本書の狙いのひとつである．

本書の内容の多くは，1991年から2002年の間，東京大学工学部物理工学科，同大学院超伝導工学専攻，その後，東京大学理学部物理学科(2003-2013年)で，専門課程学生，院生に向けて行った固体物理学関連の講義に基づいたものである．物理学の基礎を学んだ学生にとって固体物理学でわかりにくい事柄，従来の固体物理学の講義や市販の専門書に対して学生が感じる物足りなさなど，学生，院生からの多くのフィードバックが内容に反映されている．そのため，本書では，類型的な項目の選び方と記述を極力避け，読者が当然持つであろう疑問に正面から答えるよう心がけた．

また，米国コロンビア大学とライス大学での大学院生向けの特別講義(2012-2013年)，日本，中国，韓国の院生たちとのワークショップ(2008-2013年)での交流から，どの国でも最近の学生たちが半導体物理学の基礎的事柄，例えば，光速に近い速さで運動する電子の質量が増大するという特殊相対論効果を知る機会をほとんどもたないことを知った．本書では，これらのことも随所に盛り込んである．

最後に，本書の執筆を薦めていただき，初期の原稿に対して適切なご批判，ご指摘をいただいた東京大学大学院理学系研究科の藤森淳教授に感謝を申し上げる．

2015年11月

内田　慎一

目　　次

物質・材料テキストシリーズ発刊にあたり……………………………………… i
まえがき………………………………………………………………………… iii

第 1 章　はじめに：固体の電気伝導 …………………………………… 1

第 2 章　固体中の「自由」な電子 ……………………………………… 5
  2.1　遍歴と局在：「自由」と「束縛」…………………………………… 5
  2.2　結晶運動量と第 1 ブリュアン帯 …………………………………… 8

第 3 章　固体のバンド理論 …………………………………………… 17
  3.1　バンド構造 …………………………………………………………… 17
  3.2　金属と絶縁体 ………………………………………………………… 27
  3.3　元素の周期表：シリコン（Si）は何故半導体か ………………… 32
  3.4　ドーピング，電子と正孔 …………………………………………… 41

第 4 章　固体の電気伝導 ……………………………………………… 47
  4.1　「自由」電子は電流を運べるか …………………………………… 49
  4.2　完全結晶は存在するか ……………………………………………… 51
  4.3　不完全結晶中の電気伝導：オームの法則 ………………………… 55
  4.4　電子は何に散乱されるのか ………………………………………… 61

第5章　さまざまな電子輸送現象　69

- 5.1　ホール効果　69
- 5.2　固体のサイズを小さくしたとき電気伝導はどうなるか： メゾスコピック系の電気伝導　78
- 5.3　熱電効果：ゼーベック係数　83
- 5.4　熱伝導　86

第6章　固体の光学的性質　93

- 6.1　光学伝導度と金属光沢　93
- 6.2　半導体の光学的性質と特殊相対論効果： 発光ダイオード(LED)の色　100

第7章　金属の安定性・不安定性　109

- 7.1　激しい電子散乱による飽和電気抵抗と電子の局在　110
- 7.2　金属は何故安定なのか：電子間相互作用の無力化　113
- 7.3　金属を不安定にするもの：モット絶縁体と超伝導体　120

第8章　超伝導　131

- 8.1　引力の起源とクーパー対　132
- 8.2　マイスナー効果(完全反磁性)　137
- 8.3　ゼロ抵抗　142
- 8.4　マクロ電子コヒーレンス：ジョセフソン効果，磁束量子化　148
- 8.5　ゲージ対称性の破れ　152

索　引　159

第1章
はじめに：固体の電気伝導

「固体は電子の導波路である」といわれる．光(電磁波)が導波管や光ファイバー中を伝播するように，電子も波として固体中を伝播する．

電子は素粒子の1つである．その運動は量子力学に従い，波動性と粒子性の狭間を行き来する．非常に多くの原子が高密度に規則的に配列した固体の中では，何もない空間(真空中)と同じように電子の波動性が強く現れる．量子力学での波動性は「自由」な運動と言い換えることができる．これが気体や液体と異なる，固体の特徴の1つである．真空中であれ固体中であれ，電子の波は，発見者に因んでド・ブロイ波と呼ばれる．光が導波路を通ってエネルギーや情報を伝達するように，電子波もエネルギー(エントロピー)や電流を固体という導波路を通じて運ぶのである．前者は熱伝導であり，後者は電気伝導である．電子がもつ電荷は $e = 1.6 \times 10^{-19}$ クーロン [C] と極めて小さいものであるが，固体中には $n \sim 10^{22}$-10^{23} cm^{-3} もの電子がいるのでミリアンペア [mA] からアンペア [A] という日常的な電流を運ぶことができる．

光の導波路としてガラスファイバーのような特定の材料が適しているのと同様に，電子の導波路として適した固体は金属である．ただし，固体が金属であるか否(絶縁体)かは電子集団自身が決めるのである．膨大な数の電子が無意識に，ある場合は過剰に意識し合うことでその性質(物性)が決まる．

固体物理学の最も基本的な問題は，「何故電子は固体中を波として伝播できるのか，あるいは電子は何故自由に運動できるのか？」である．元をただせば，固体中の電子は固体を構成する原子の原子核・陽子に束縛されていたものである．気体や液体中では電子は原子核に束縛されたままである．原子が互いの距離を縮め，規則的に配列した固体になると，電子は原子核の束縛から解放される．これも量子力学が支配する世界の現象である．古典力学世界の常識からは奇異に見えるが，電子は原子核に束縛されているより固体中を自由に動き回るほうが，その運動エネルギー(量子力学ゼロ点運動に対応する)を得するの

である．このエネルギーの利得が，多くの金属では，固体を形成する結合力になっている．

　束縛から解放された「自由」な電子が多数いれば，外部から固体に電圧（電場）をかけたとき電流が流れるのは自明のことと思うかもしれない．しかし，固体でも電流を容易に流せない塩化ナトリウム（NaCl）やダイアモンド（C）のような絶縁体が多くある．すべての固体は「自由」な電子集団であるにもかかわらず，多くの固体が電流を運べない絶縁体になることは「固体のバンド理論」で理解できる．固体中では電子を収容する「箱」（エネルギーバンド）が多数用意されている．それぞれの箱に収容できる電子の数は決まっていて，1つの箱が満杯になると，次の箱に移らなければならない．このように固体中にあるすべての電子を箱に詰めていったとき，最後の箱にあきを残して詰め終わる場合が金属である．最後の箱を満杯にして詰め終え，次の箱がエネルギーの高い場所にあるという状況が絶縁体である．

　通常の金属を流れる電流（I）は電圧（V）に比例する（オームの法則）．オームの法則は $V=RI$ と表現され，比例定数 R は金属試料の電気抵抗である．電気抵抗の単位は法則の発見者オームに因んで Ω（Ohm）と表記される．低温での金属の電気抵抗は，結晶の不完全性，不純物や格子欠陥，が電子を散乱する（電子の運動量，したがって，波長を変化させる）ために生じる．金属の温度が上がると，電子同志の散乱や，さらに高温では，固体を構成する原子の熱振動（格子振動）による電子の散乱が激しくなり，電気抵抗が大きくなる．熱振動による散乱は格子振動の量子であるフォノンによる電子の散乱として扱われる．もし，電子が完全に自由だとすると，電場の下では電子はいくらでも加速され，電流は時間とともに際限なく増大するであろう．不純物や格子の熱振動が固体中に存在するお陰で，この壊滅的自体が避けられている．オームの法則は，電場がある限り一定量の電流が固体中を流れ続けることを意味している．一種のパラドックスではあるが，不純物や格子欠陥のない完全結晶では，その中の電子は原理的に電流を運べないことがわかっている．完全結晶中の電子は，電場の下で振動運動をしてしまうのである．現実の金属が電場の下で電流を運べるのは不完全結晶であるからといえる．

　オームの法則が成り立つ状況では，電子が電荷 $-e$ をもった古典的粒子で

あるという描像で電気伝導をよく理解できる．断面積 $1\,\mathrm{mm}^2$，長さ $1\,\mathrm{m}$ の典型的な金属線の室温での電気抵抗は大体 $1\,\Omega$ である．この金属線の両端に 1 ボルト (V) の電圧をかけると，オームの法則に従い 1 アンペア (A) の電流が流れる．金属中の電子密度 n は，多くの金属で $n = 10^{22}\,\mathrm{cm}^{-3}$ 程度である．電子が古典的荷電粒子とし，n 電子の平均の速さを v とすると，金属線の単位断面積当たりに流れる電流密度は $j = nev$ である．問題の金属線に $1\,\mathrm{A}$ の電流が流れているときの電子の平均速度 v は，およそ 1 秒当たり $0.5\,\mathrm{mm}$ ($v = 5 \times 10^{-4}\,\mathrm{m/s}$) と計算される．以下の章で議論するように，個々の(量子力学的)電子はおよそ $10^5\,\mathrm{m/s}$ という凄まじい速度で動いているのである．オームの法則に従う実際の金属の電流は，不純物や熱振動に激しく散乱されながら拡散的に移動する(ブラウン運動する)荷電粒子により運ばれていると見なせることが，この桁違いの速度差からわかるであろう．

固体中の電子の運動特性を調べるためには，電圧をかけたとき，どのくらいの電流が流れるかを調べる電気抵抗測定だけではなく，試料に温度勾配をつけたり，外から磁場をかけて電流や電圧の変化を測定する実験が行われる．前者は，高温部から低温部に向けて粒子が拡散移動するという古典熱力学を念頭に置いたものである．電子は電荷をもった粒子なので移動により電圧が生じるであろう(熱電効果)．磁場下では荷電粒子はローレンツ力により軌道を曲げられ，その結果，電流と垂直な方向に電圧が生じるであろう(ホール効果)．実際，固体の熱電効果もホール効果も，このような電子の古典的粒子描像でおおまかに理解できる．

金属の光学的性質も同様な古典的描像で理解可能である．一方，絶縁体の光学的性質の理解にはバンド理論が必要である．光は絶縁体中の電子にエネルギーを供給することによって，電子の運動を制約から解放するのである．パソコンや携帯電話など日常使われる電子機器に不可欠な半導体も絶縁体の範疇に入る．半導体はまた，LED やレーザーの光学素子としても重要である．上述の，空の「箱」が満杯の「箱」から，どのくらい(エネルギーの)高いところにあるかで発光する波長が決まる．広くは知られていないが，青や赤といった LED の色，すなわち空の「箱」の位置を決めているのは，電子構造に与える特殊相対論効果(光速に近い速さで運動する電子の質量が重くなる効果)であ

る．

　非常に低い温度では，電子の波動性に代表される量子力学効果が特異な電気伝導（電子輸送）現象を引き起こす場合がある．超伝導がその代表的かつ普遍的な現象である．超伝導は，位相が揃った光のレーザー光のように，多くの電子の波としての位相が揃うことで起こる．人工的に作製した微小な2次元や1次元の金属では，量子化されたホール効果（量子ホール効果）や電子波の干渉による電気抵抗の増大や振動といった現象が観測される．

　固体のバンド理論の大前提は，電子の「自由」と「独立」である．実際の固体中には膨大な数の電子が，平均すると1Å あるいはそれ以下の間隔でひしめき合っている．単純に考えれば，$-e$ という電荷をもつ電子間にはクーロン斥力相互作用が強く働き，電子は独立に運動できそうもない．大多数の固体，特に金属中では，この相互作用を無力化するメカニズムが働き，電子の「独立」を支えている．そこでは，電子というフェルミ粒子が従う，パウリの原理（パウリの排他律とも呼ばれる）という量子力学原理が重要な役割を果たしている．

　電子と電子との間に働く相互作用が無視できない固体では何が起こるであろうか？　実際，電子間のクーロン斥力相互作用を無力化できない固体が存在する．無力化できていれば金属になるはずの固体が，そのために絶縁体になる．このような絶縁体は，通常の絶縁体，半導体と違って，強磁性や反強磁性といった磁気的性質（磁性）で特徴づけられる．固体金属では，電子間に引力相互作用も働いている．引力相互作用は固体の格子振動が仲立ちをする．電子間の斥力が充分に無力化されていれば，引力が勝ることがあるであろう．このとき，固体が示す電子輸送現象の中では最も劇的な超伝導が発現する．超伝導は電気抵抗がゼロになる現象として知られているが，その電流を運ぶメカニズムは，金属の電気伝導とは本質的に異なっている．超伝導は，純粋に量子力学の法則に従う電流がマクロなスケールで流れる現象である．

第2章

固体中の「自由」な電子

　ここでは，固体中の電子が何故「自由」なのかを議論する．「自由」電子集団としての固体の電気的性質を予言するのが次章，第3章で展開するバンド理論と呼ばれる理論である．固体中の電子が「自由」を獲得するのは量子力学原理による．バンド理論は通常の固体物理学の教科書では，主要な章において詳細に記述されるものであるが，本章では，そのエッセンスを量子力学の原理に基づいて説明する．自由に括弧がついているのは，真空中のように完全に自由ではなく，固体中という制約を受けた自由だからである．この制約は固体の電気的性質に驚くべき結果をもたらす．例えば，（1）「自由」な電子は外部から一様な時間変化しない電場(静電場)をかけると振動運動を起こし，固体試料の端から端への電流を運べない(ブロッホ振動，第4章)，（2）「自由」な電子の集団である固体が電気を通さない絶縁体になることがある(第3章)，（3）固体中の電子は真空中と同じように負の電荷($-e$)をもつ素粒子として振舞うだけでなく，陽電子のように正の電荷($+e$)をもつ素粒子としても振舞うこともある(第3章)．この第2章は，通常の固体物理学の教科書，参考書では充分な説明がされていない事柄を強調して記述する[1,2]．固体の電気伝導の理解にとって必須と考えるからである．

2.1　遍歴と局在：「自由」と「束縛」

　一般に量子力学の原理は「不確定性原理」として知られている．不確定性原理はさまざまな形で表現されるが，この本で重要なのは，電子の位置(x)と運動量(p)との間の不確定性関係，$\Delta x \Delta p \sim \hbar$ である．ここで，Δx，Δp はそれぞれ電子の位置と運動量の不確定性を表す．$\hbar$ はプランク定数 h を 2π で割った量で量子力学現象を特徴づける物理量である．$\hbar = 1.05 \times 10^{-34}$ J·s (J はエネルギー単位ジュール，s は時間単位の秒)と極めて小さい量であるが，ミク

ロな世界ではゼロではない有限の値をもっていることに大きな意味がある．通俗的には，上記の不確定性関係は，「電子の位置と運動量は同時に正確に決めることができない」と抽象的に理解されている．しかし，固体物理学では，この関係は具体的かつ明確な帰結をもたらす．これは，固体がミクロな大きさ（〜0.1 nm）の原子がマクロなスケール（$10^6 \sim 10^7$ nm）に規則配列することで成り立っていることに起因する．

原子のスケールから見れば通常の大きさの固体は「無限に」拡がった空間である．また，原子は規則的に並んでいるので，電子にとってはどの原子の近くも全く同じ環境である．言い換えれば，電子がどの原子の近くにいるか特定できないため，位置の不確定性は無限に大きいと見なせる（$\Delta x \sim \infty$）．その結果，不確定性原理により電子の運動量の不確定性がゼロと見なせるほど小さくなる（$\Delta p \sim 0$）．具体的な数値で見てみよう．固体が 1 cm の大きさの結晶だとする．したがって，$\Delta x \sim 10^{-2}$ m．不確定性関係から $\Delta p \sim \hbar/\Delta x \sim 10^{-34}$ J·s$/10^{-2}$ m $\sim 10^{-32}$ N·s が運動量の不確定性となる（図 2-1）．

これがいかに小さいかを見るため，$p = mv$（m は電子の質量，$m = 9.1 \times 10^{-31}$ kg, v は電子の速さとする）として速さの不確定性に換算すると，$\Delta v \sim 10$ cm/s．後で見るように，典型的な固体（金属）中の電子の速さは $v \sim 10^5$ m/s であるので $\Delta v/v \sim 10^{-6}$．すなわち，速さは $100{,}000 \pm 0.1$ m/s の範囲

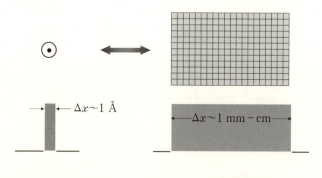

$\Delta x \rightarrow 0\,;\Delta p \rightarrow \infty$　　　$\Delta x \rightarrow \infty\,;\Delta p \rightarrow 0$

図 2-1 電子の位置の不確定性 Δx に関する 2 つの極限．原子内の電子は Δx が非常に小さい（$\Delta x \sim 0$）のに対して，原子が規則的に配列してできる固体中では Δx がマクロなスケールの大きさになる．

で確定していることになる．これは，電子が固体中では，運動量がほぼ確定した状態にあることを意味する．量子力学では運動量の確定した状態は波動である（運動量 p と波動の波長 λ とは 1 対 1 の関係（$p=h/\lambda$）にある）．量子力学でよく知られたシュレディンガーの描像で表現すれば，波動としての電子の状態は，ほぼ無限に拡がった波動関数 $\psi(\boldsymbol{r})$ で記述される．ちなみに，真空中の電子の波動関数は $\psi_0(\boldsymbol{r}) \sim e^{i\boldsymbol{p}\cdot\boldsymbol{r}/\hbar}$ という平面波で表される．ある位置 $\boldsymbol{r}$ において電子を見出す確率 $|\psi_0(\boldsymbol{r})|^2$ は，

$$|\psi_0(\boldsymbol{r})|^2 \sim |e^{i\boldsymbol{p}\cdot\boldsymbol{r}/\hbar}|^2 = 1 \tag{2.1}$$

どの場所でも同じ確率で存在する（図2-1）．これは，無限大の位置の不確定性 $\Delta x = \infty$ を違う形で表現したことになる．以下で見るように固体中の電子の波動関数も同じような形で表現される．位置が不確定で運動量が確定した電子は，その空間（固体）を自由に動き回る（遍歴するという）．

それとは逆に，気体や液体のように原子が互いに孤立し，あるいは不規則に運動しているような場合は，電子は原子核に束縛されている（原子に局在している）．よく知られているように，原子核に束縛された電子の波動関数の拡がりは0.1 nm（1Å）程度である．固体のスケールから見れば原子に局在した電子の位置の不確定性はほぼゼロであり（$\Delta x \sim 0$），その代償として運動量の不確定性が非常に大きくなっている（$\Delta p \sim \infty$）．運動量に不確定性があるということは，電子の波動関数がさまざまな波長の波の重ね合わせで構成されているということである．$\Delta p \sim \infty$ というのは，非常に波長の短い波が成分として存在するということであり，「粒子」の言葉でいえば，電子は非常に高速で運動しているということである．再び具体的な数値で見てみよう．原子に束縛された電子は原子核から $\Delta x \sim 10^{-10}$ m の範囲に局在する．不確定性関係から $\Delta p \sim \hbar/\Delta x \sim 10^{-34}$ J·s$/10^{-10}$ m $= 10^{-24}$ N·s が運動量の不確定性となる．これがいかに大きいかを見るため前と同様に $p=mv$ として速さの不確定性に換算すると，$\Delta v \sim 10^7$ m/s．光の速さ $c=3\times10^8$ m/s に迫る大きさとなっている．

このように，膨大な数の原子が凝縮して規則的に並ぶことにより電子の運動形態が**局在から遍歴に**劇的に変化するのである．これは，分子が集合して生命という個々の分子からは予想がつかない機能が生ずることに例えられる一種の

「**創発**」現象に似ている．したがって，電気伝導も固体における電子の「**創発**」現象といえるのである[3]．

では電子は何故固体中で束縛より「自由」を選ぶのであろうか？ 答えは，その方が電子のエネルギーが低くなるからである．奇異に感じるかもしれないが，電子は「自由」に運動することにより運動エネルギーを得するのである．個々の原子は電子にとってポテンシャルエネルギーの低い井戸のようなものである．古典粒子だったら，周囲の状況がどう変わろうと，その井戸でじっとしているほうが心地よいであろう．しかし，量子力学粒子である電子は狭い空間に閉じ込められると，じっとしていられず，激しく動き回らざるを得ない（量子力学のゼロ点振動，$\Delta p \sim \infty$）．したがって，運動エネルギーの大きな状態を強いられている．井戸の外に出て，ゆっくり動き回るほうが運動エネルギーを得することになる．古典力学では非常識なことが量子力学では常識となる[4,5]．

このことは，量子力学でおなじみのシュレディンガー方程式において運動量 p が微分演算子 $(\hbar/i)\nabla$ に対応していることからも理解できる．∇ は空間微分演算子ベクトルである，$\nabla = (\partial/\partial x, \partial/\partial y, \partial/\partial z)$．原子に束縛された電子の波動関数 $\phi_a(r)$ は原子核の近傍，0.1 nm (1Å) 程度のスケールで空間的に激しく変化している．したがって，その空間微分 $\nabla \phi_a$ は非常に大きくなるであろう．これは，電子が大きな運動量をもつことを意味する．これに対して，固体中の電子の波動関数 $\phi(r)$ は固体（結晶）全体に拡がっており，その空間変化は $\phi_a(r)$ に比べはるかに緩やかになっている．すなわち運動量の小さな状況になっていることがわかる．運動エネルギーは $p^2/2m$ の期待値 $\langle p^2/2m \rangle$ であるから束縛から解放されることは，空間的に激しく変化する波動関数から緩やかに変化する波動関数に変化することを意味する．運動エネルギーを得することがわかるであろう．

2.2 結晶運動量と第1ブリュアン帯

実際の固体中の電子の波動関数 $\phi(r)$ は，空間的に拡がっているもののその形は複雑である．どのような形にせよ $\phi(r)$ は共通の特徴・性質をもってい

2.2 結晶運動量と第1ブリュアン帯

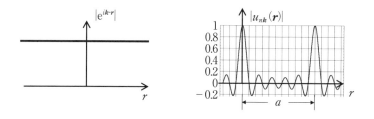

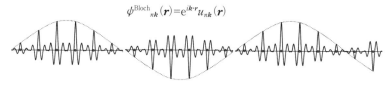

図 2-2 ブロッホ関数および各因子，$e^{ik\cdot r}$と$u_{nk}(r)$，のrに対する変化を1次元空間で模式的に示す．

る．それは，必ず次のように因数分解できるということである，

$$\psi_{nk}(r) = e^{ik\cdot r} u_{nk}(r). \tag{2.2}$$

式(2.2)はブロッホ(Bloch)の定理と呼ばれている．この式の$u_{nk}(r)$は固体(結晶)の原子配列と同じ周期で空間変化する関数(周期関数)である(**図 2-2**)．結晶の格子ベクトルをRとすると，

$$u_{nk}(r+R) = u_{nk}(r) \tag{2.3}$$

となる．格子ベクトルRは，一般に，3つの基本格子ベクトル(a_1, a_2, a_3)で表される．(a_1, a_2, a_3)は結晶格子の基本単位(単位胞)を定義する．Rは，(m_1, m_2, m_3)という整数の組を使って，

$$R = m_1 a_1 + m_2 a_2 + m_3 a_3 \tag{2.4}$$

となる(**図 2-3**(a))．

$e^{ik\cdot r}$はすでに述べた真空中の自由電子の波動関数であり，空間のどの位置rでも同じ振幅(存在確率)をもつ．これと周期的に変化する$u_{nk}(r)$との積であ

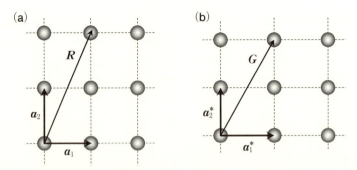

図 2-3 2次元結晶格子の(a)格子ベクトル R と(b)逆格子ベクトル G. R と G, それぞれ, 実格子空間, 逆格子(運動量)空間の基本ベクトル, (a_1, a_2) と (a_1^*, a_2^*) の整数倍の和で表される. この場合, $a_1^* = 2\pi/a_1$, $a_2^* = 2\pi/a_2$ である.

る $\psi_{nk}(r)$ は必然的に固体全体に拡がった関数となっている. $\psi_{nk}(r)$ はブロッホ関数と呼ばれている. 関数についている指数 k は運動量 p をプランク定数 $\hbar$ で割った量 ($k = p/\hbar$) で, 波数ベクトルであり, 波の波長 λ と $k = 2\pi/\lambda$ の関係にある. k は, 固体物理学では「**結晶運動量**」と呼ばれる. もう1つの指数 n は次章のバンド理論(構造)のところで説明する.

周期的に空間変化するポテンシャル $V(r)$ 中を運動する1つの電子のハミルトニアン H は

$$H = \frac{p^2}{2m} + V(r) \qquad (2.5)$$

である. この1電子ハミルトニアンの固有関数が $V(r)$ の形によらず上記のような2つの因子の積で表されることを証明したのがブロッホである(ブロッホの定理). それに因んで $\psi_{nk}(r)$ はブロッホ関数と呼ばれている. 固体中を運動する1つの電子が感ずるポテンシャル $V(r)$ は規則的に並んだ原子核(イオン)がつくり出すクーロンポテンシャルであり, 結晶格子と同じ周期の周期関数 $V(r+R) = V(r)$ である*1.

---

*1 電子は他の膨大な数の電子と相互作用しており, 電子はそれらの作り出すクーロンポテンシャルも感じている. しかし, 他の電子も固体中を運動しているので, その波動関数もまたブロッホ関数である. このため, 電子間の相互作用を考慮しても電子の感ずるポテンシャルは周期ポテンシャルである.

結晶運動量

k は結晶運動量と呼ぶといったが,真空中の運動量 p とはプランク定数 $\hbar$ だけの違いではなく,以下の2点において,本質的な違いをもっている.電子は自由とはいっても,結晶という空間に限られた自由である.これまで「自由」と括弧つきで表現した理由はここにある.真の自由ではないために k は p とは異なる性質を示す.1つは,電子がマクロな大きさではあるが有限の固体空間に閉じ込められていることに起因している.電子を固体中に閉じ込める力は原子核からのクーロン引力である.このため電子は外から熱や光のエネルギーを供給しない限り固体の外に出てくることはない(それぞれ,熱電子放射,光電子放射として知られている).量子力学の初歩的問題としてよく知られているように,ポテンシャル井戸に閉じ込められた電子の波長(波数)は量子化される.1方向の井戸の大きさを L とすると波数 k は $2\pi/L$ の間隔の飛び飛びの

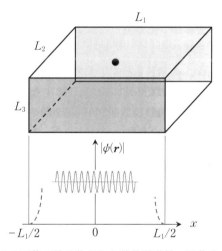

図 2-4 有限な大きさの固体で量子化された結晶運動量.固体中の電子は,外部からエネルギーを与えなければ,固体の外に出られない.したがって,電子の波動関数は結晶の表面(固体と真空との境界)でゼロになる.この境界条件が結晶運動量を量子化する.(L_1, L_2, L_3) の大きさの直方体固体では,それぞれの方向に運動量が $(2\pi/L_1, 2\pi/L_2, 2\pi/L_3)$ を単位として量子化される.

値しか許されない(kとxとの不確定性関係$\Delta x \Delta k \sim 1$からも$\Delta x \sim L$とすれば大雑把に理解できる). すなわちkは$k = (2\pi/L)m$ (mは整数)という形で量子化されている. 3次元に一般化すれば, ($L_1 \times L_2 \times L_3$)の大きさの固体結晶中の電子の「結晶」運動量$\boldsymbol{k}$は,

$$\boldsymbol{k} = \left(\frac{2\pi}{L_1}m_1, \frac{2\pi}{L_2}m_2, \frac{2\pi}{L_3}m_3\right) \tag{2.6}$$

(m_1, m_2, m_3)は整数の組, という形で量子化された値をとる(**図2-4**). 量子化されているとはいってもLはマクロなスケールであるから, 以下の議論で多くの場合, kは連続変数と見なすことができる.

第1ブリュアン帯

結晶運動量$\boldsymbol{k}$の第2の制約は, その大きさに制限がつくことである. これを理解するためには, 逆格子ベクトル$\boldsymbol{G}$という量を導入しなければならない(図2-3(b)). $\boldsymbol{G}$と格子ベクトル$\boldsymbol{R}$とは「共役」の関係にある. $\boldsymbol{G}$は$e^{i\boldsymbol{G}\cdot\boldsymbol{R}} = 1$を満たすベクトルであり, 波数と同じ次元をもつ. $\boldsymbol{G}$は仮想的な量ではない. 結晶解析法としてよく使われるX線回折(ラウエ写真)は, この$\boldsymbol{G}$の測定となっている. $e^{i\boldsymbol{G}\cdot\boldsymbol{R}} = 1$という関係を使って格子ベクトル$\boldsymbol{R}$, それから基本格子ベクトル($\boldsymbol{a}_1, \boldsymbol{a}_2, \boldsymbol{a}_3$)を決定するのである. X解回折は結晶によるX線域の短い波長(大きな波数)をもったフォトン(光子)の散乱である. 散乱の際, フォトンは結晶と運動量(波数)のやり取りをする. やり取りできる波数は$\boldsymbol{G}$に限られるためラウエ写真にスポット(点)が現れるのである. その理由は結晶が原子の規則配列であることに他ならない.

ブロッホ関数$\phi_{n\boldsymbol{k}}(\boldsymbol{r})$は次の性質をもつことが証明できる,

$$\phi_{n\boldsymbol{k}+\boldsymbol{G}}(\boldsymbol{r}) = \phi_{n\boldsymbol{k}}(\boldsymbol{r}). \tag{2.7}$$

固体中の電子にとっては$\boldsymbol{k}$と$\boldsymbol{k}+\boldsymbol{G}$とは等価, すなわち同じ運動状態であることを意味する. 別の言い方をすれば, ($\boldsymbol{k}+\boldsymbol{G}$)という見かけ上大きな運動量をもった電子は, その余分な運動量$\boldsymbol{G}$を直ちに結晶格子に放出してしまうということになる. X線回折と同様, 固体中の電子の波も結晶と$\boldsymbol{G}$という選択的な波数をやり取りするからである. その結果, 電子が保持できる運動量は運

2.2 結晶運動量と第1ブリュアン帯

動量(k)空間の第1ブリュアン(Brillouin)帯と呼ばれる領域に限られることになる.より具体的に理解するために原子が a という間隔で一方向に配列した1次元格子を考えよう.格子ベクトル R は $R = ma$ (m は整数)となる.逆格子ベクトル G は $e^{iG\cdot R} = 1$ の関係から,$2\pi/a$ を単位として $G = (2\pi/a)l$ (l は整数)である.したがって,電子がこの1次元結晶中で保持できる運動量は $[-\pi/a, \pi/a]$ の領域 ($-\pi/a < k \leq \pi/a$) に限られる ($-\pi/a$ は,$-\pi/a + 2\pi/a = \pi/a$ から π/a と等価である).この領域が1次元結晶の第1ブリュアン帯である(図2-5).

k と $k+G$ とが等価であることから,それぞれのエネルギー固有値も等しくなる.ハミルトニアン H の固有関数 $\phi_{nk}(r)$ に対応する固有値を $E_n(k)$ として

$$E_n(k) = E_n(k+G) \tag{2.8}$$

となる.ブロッホ関数の因子 $u_{nk}(r)$ が r 空間で格子ベクトル R の周期関数で

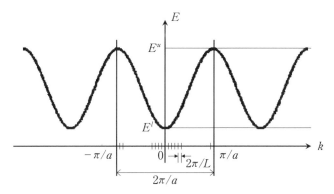

図 2-5 格子間隔 a の1次元結晶において,独立な結晶運動量の集合として定義される第1ブリュアン帯.一般に,結晶中のブロッホ電子の固有エネルギー $E_n(k)$ は運動量空間で,逆格子ベクトル G の周期関数となる.そのため,固体中で意味のある運動量は第1ブリュアン帯にだけある.問題の1次元結晶では,第1ブリュアン帯は $k = -\pi/a$ から $k = \pi/a$ の運動量空間の長さ $2\pi/a$ の領域として定義される.また,結晶運動量は,結晶の大きさを L として,$2\pi/L$ で量子化されている.また,周期関数なので $E_n(k)$ には上限 E^u と下限 E^l がある.

あることに対応して$E_n(\boldsymbol{k})$は$\boldsymbol{k}$空間で逆格子ベクトル$\boldsymbol{G}$の周期関数になっている(図2-5).エネルギーが$\boldsymbol{k}$の周期関数であることは重大な意味をもつ.自由電子のエネルギーEと運動量(波数ベクトル)$\boldsymbol{k}$との関係(波動の周波数ωと波数$\boldsymbol{k}$との関係,$\omega = \omega(\boldsymbol{k})$になぞって分散関係と呼ばれる)は$E = \hbar^2 \boldsymbol{k}^2/2m$で,運動量の増加関数になっている.自由電子はどのような運動量でも保持でき,大きな運動量には大きなエネルギーが対応している.これに対して,固体中の「自由」電子が保持できる運動量が第1ブリュアン帯に限られるため,そのエネルギーの値には上限E^uと下限E^lが存在するのである.運動量が限定されると同時にエネルギーもE^uとE^lとの間に限定されるのである(これは,もう1つの指数nが同じ電子に限ってのことである).さらに,エネルギーの上限近くの電子は

$$E_n(\boldsymbol{k}) \sim E^u - \frac{\hbar^2(\boldsymbol{k} - \boldsymbol{k}_u)^2}{2m^*} \tag{2.9}$$

という運動量変化を示すことになる($\boldsymbol{k}_u$は$E_n(\boldsymbol{k}) = E^u$に対応する結晶運動量,$m^*$は有効質量と呼ばれる).これは電子の質量が負であることを意味している.負の質量をもった電子の存在はエネルギーに上限があることから必然的に起こることである.次章で見るように,負の質量をもった電子が電気伝導などに実際に観測されるわけではない.実際に観測されるのは正の質量をもち,電荷も正の「正孔」と呼ばれる「電子」である.このような「電子」はす

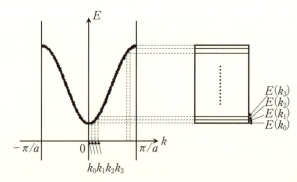

図2-6　固体中のブロッホ電子のエネルギー固有値は,量子化された各結晶運動量に対応するエネルギー準位が狭い間隔で集合したエネルギーバンドを形成する.

べての固体で普遍的に存在する．

　上述のように1次元結晶のkは$2\pi/L$の間隔で量子化されている．したがって，第1ブリュアン帯$[-\pi/a, \pi/a]$，すなわち$2\pi/a$の幅にあるkの数は，$(2\pi/a)/(2\pi/L)=L/a$．これはLという大きさの結晶中に含まれる原子の数N_aに他ならない．この結論は2次元，3次元結晶でも同様である．量子化された1つのkに対して1つのエネルギー準位Eが存在する．したがって，上限E^uと下限E^lとの間にN_a本のエネルギー準位があることになる．これをエネルギーバンドと呼ぶ．N_aは巨大な数($\sim 10^{22}$)であり，バンドのエネルギー幅，E^uとE^lのエネルギー差，は通常数電子ボルト(eV)なので，準位の平均間隔は微小で，ほぼ連続的に分布していると見なせる(図2-6)[*2]．

参考文献

　固体中の電子が周期ポテンシャルのもと，「自由」に運動できることは，次の代表的な教科書で標準的な方法で議論されている，

[1] C. Kittel, "Introduction to Solid State Physics", the 8th edition, John Wiley & Sons, Inc. (1976).

[2] N.W. Ashcroft and N.D. Mermin, "Solid State Physics", Thomson Learning, Inc. (1976).

　固体における創発について，

[3] P.W. Anderson, "More is Different", Science **177**, 393-396 (1972).

　やや標準からはずれるが，独創的な視点からの記述は，

[4] R.P. Feynman, R.B. Leighton, and M. Sands, "Feynman Lectures on Physics", Volume 3, Addison Wesley (1965). 日本語訳は，砂川重信訳，「ファインマン物理学」(5)量子力学，岩波書店(1986).

[5] P.W. Anderson, "Concepts in Solids", W.A. Benjamin, Inc. (1963).

[*2] $1\,\text{eV}=1.6\times 10^{-19}\,\text{J}$は電子が1Vの電圧(電位差)のもとで加速されたときに得るエネルギー．我々の日常(マクロな)世界では極めて小さいエネルギーであるが，個々の電子にとっては，$v=6\times 10^5\,\text{m/s}$もの速さでの運動エネルギーであり，10,000 Kの熱浴から得る熱エネルギー，$k_\text{B}T$(Tは熱浴の温度，k_Bはボルツマン定数)に相当するかなりのエネルギーである．

第3章

固体のバンド理論

　前章で議論したのは固体中の1個の電子の運動である．実際の固体には$1\,\mathrm{cm}^3$当たり$N \sim 10^{23}$もの電子がひしめき合っている．1電子の運動に関する知見をもとにN電子集団としての固体の基底状態（絶対零度$T=0\,\mathrm{K}$）の電子構造を調べ，その電気的性質を予言するのが固体のバンド理論である[1,2,3]．第2章で述べたように，固体中の電子は「自由」である．にもかかわらず，固体の半数近くが，電子が電流を運べない，絶縁体になるのは何故であろうか？この疑問に答えを与えてくれるのがバンド理論である．

3.1　バンド構造

　ここで第2章の固体中の1電子の運動状態をまとめてみよう．固体中にある電子は，もともと固体を構成する原子の原子核に束縛されていたものである．N_a個の原子が互いに接近し，規則的に配列すると，電子は束縛から解放されて固体中を「自由」に遍歴するようになる．遍歴するほうが運動エネルギーを低くできるからである．「自由」電子の波動関数は固体全体に拡がっており，電子の波動としての性格を強くもったものになる．その結果，電子状態は波数（結晶運動量）kがほぼ確定した状態，すなわち，運動量がよい指標（量子数）となる．

　一方，固体は原子が周期的に配列した結晶であり，また，電子は有限の大きさの結晶に閉じ込められていることから電子の運動の自由に制約がつく．真空中の電子の運動量と違い，kは量子化され，独立な運動量は第1ブリュアン帯内に限定される．独立な運動量の数は固体中の原子の数N_aに等しい．その結果，電子の（固有）エネルギーもN_a本の量子化された準位となっており，それらは有限のエネルギー範囲に分布して，N_a本の準位からなる**エネルギーバンド**を形成する．

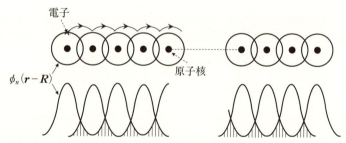

図 3-1 原子が互いに接近すると，原子の電子軌道波動関数 $\phi_n(r-R)$ が重なり始める．このような原子が多数，規則的に配列したのが固体である．波動関数の重なりは固体全体にわたって生じる．これを利用して，電子は固体中を「自由」に運動する．

エネルギーバンドの形成を原子に遡って考えると，原子内での電子は $1s, 2s, 2p\cdots$ 等，主量子数と軌道角運動量とで指定されるいずれかの原子軌道 n を回っている．原子軌道 n の波動関数を $\phi_n(r)$ とする．N_a 個の原子が互いに接近してくると各原子の軌道の波動関数 $\phi_n(r)$ が重なってくる．電子はこの重なりを利用して原子間を遍歴するのである（**図 3-1**）．これは 2 つの水素原子が水素分子を形成する過程と同じである．

水素分子

水素原子は陽子 1 つの原子核と $1s$ 軌道を占める 1 電子からなる．この 1 つの電子に注目し，別のもう 1 つの水素原子の原子核が接近してきたらどうなるかを考えよう（**図 3-2**(a)）．

両者が充分離れているときは，電子は元の水素原子 (H(1)) の $1s$ 軌道に束縛されたままである．第 2 の水素原子の原子核 H(2)$^+$ が近づいて，それぞれの $1s$ 軌道が充分重なり始めると電子は両者を行き来するようになる．電子は H(2) の近くにも存在確率をもつため，その波動関数は元の $1s$ 軌道の波動関数 $\phi_{1s}(r)$ に比べより空間的に拡がったものになる．第 2 章で見たように，拡がった状態は運動エネルギーを低くするので，電子のエネルギーは H(1) の $1s$ 軌道に束縛されていたときのエネルギー ε_{1s} に比べ下がる（図 3-2(b)）．

この水素原子の問題を量子力学で定式化する．水素原子核の位置をそれぞれ

3.1 バンド構造

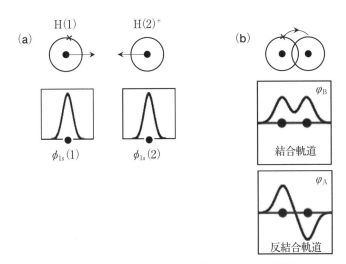

図 3-2 (a)接近する2個の水素原子と，それぞれの $1s$ 電子軌道（$\phi_{1s}(1)$ と $\phi_{1s}(2)$）．1電子の問題を考えるので，どちらかの水素原子はイオン化して H^+ になっている．(b)軌道が重なり合うと，$1s$ 軌道の混成が起こり，結合軌道（φ_B）と反結合軌道（φ_A）が形成される．

R_1, R_2 とする．電子の位置を r とすると，この問題のハミルトニアンは，

$$H = \frac{p^2}{2m} - \frac{e^2}{4\pi\varepsilon_0}\left(\frac{1}{|r-R_1|} + \frac{1}{|r-R_2|}\right) \tag{3.1}$$

となる．第2項は，$-e$ の電荷をもつ電子と R_1 と R_2 にある $+e$ の電荷をもつ陽子とのクーロン引力相互作用を表している．両者が接近し，電子が両方の原子核の近くに存在確率をもつようになるということは，その波動関数 $\varphi(r)$ が $\phi_{1s}(r-R_1)$ と $\phi_{1s}(r-R_2)$ との重ね合わせ（線形結合），

$$\varphi(r) = c_1\phi_{1s}(r-R_1) + c_2\phi_{1s}(r-R_2) \tag{3.2}$$

で表されることを意味する（**量子力学の重ね合わせの原理**）．この波動関数からエネルギー（H の期待値）を計算すると，図3-2（b）に示す対称的な重ね合わせ（$c_1 = c_2$）

$$\varphi_{\mathrm{B}}(\boldsymbol{r}) = \phi_{1s}(\boldsymbol{r}-\boldsymbol{R}_1) + \phi_{1s}(\boldsymbol{r}-\boldsymbol{R}_2) \tag{3.3}$$

のときエネルギーが最小になることがわかる(正確には$\varphi_{\mathrm{B}}^{*}\varphi_{\mathrm{B}}=1$になるような係数がかかる). このとき$\varphi(\boldsymbol{r})$は最も緩やかな空間変化を示し, 運動エネルギーの利得が最も大きくなるからである. $\varphi_{\mathrm{B}}(\boldsymbol{r})$は結合(bonding)軌道, あるいは分子軌道と呼ばれる. $\varphi_{\mathrm{B}}(\boldsymbol{r})$は, 上記ハミルトニアン$H$の固有状態(関数)を近似している. Hにはもう1つの固有状態があり, エネルギーを最大にする状態で, 反結合(antibonding)軌道と呼ばれる反対称的な組み合わせ($c_1 = -c_2$)

$$\varphi_{\mathrm{A}}(\boldsymbol{r}) = \phi_{1s}(\boldsymbol{r}-\boldsymbol{R}_1) - \phi_{1s}(\boldsymbol{r}-\boldsymbol{R}_2) \tag{3.4}$$

で近似される(図3-2(b)). $\varphi_{\mathrm{A}}(\boldsymbol{r})$は2つの水素原子の中間で符号を変え, 激しく空間変化するため運動エネルギーの高い状態を表している. 反結合軌道$\varphi_{\mathrm{A}}(\boldsymbol{r})$の運動エネルギー損は, 結合軌道$\varphi_{\mathrm{B}}(\boldsymbol{r})$の運動エネルギーの利得に等しい.

上記の結果は, 次のように要約することができる. 2つの水素原子核(陽子), $\mathrm{H}(1)^+$と$\mathrm{H}(2)^+$が充分に離れているとき, 電子はどちらかの陽子に束縛された状態, どちらかの原子の$1s$軌道にいる状態が固有状態になる. 化学式で表せば, $\mathrm{H}(1)+\mathrm{H}(2)^+$と$\mathrm{H}(1)^+ +\mathrm{H}(2)$との2つが固有状態である. 両者のエネルギーは$1s$軌道のエネルギー準位$\varepsilon_{1s}$で2重縮重している. 原子核が互いに近づいて, 電子が両者を行き来できるようになると縮重が解け, 準位がε_{1s}を中心に分裂する. 分裂した準位の一方(ε_{B})は結合軌道に対応し, 運動エネルギーの利得分ε_{1s}より下になる. 反結合軌道に対応する他方の準位(ε_{A})は, 運動エネルギーの損失によりε_{1s}の上になる(**図3-3**).

ここまでの議論は1電子と2陽子の問題である. 実際の水素分子を考える際には, もう1つの水素原子にいる2つ目の電子の存在を考慮しなければならない. そのため, 上記のハミルトニアンHに新たな項が加わることになり, 問題は急激に難しくなる. 特に, 2つの電子($\boldsymbol{r}_1$と$\boldsymbol{r}_2$)の間に働くクーロン相互作用の項, $+e^2/4\pi\varepsilon_0|\boldsymbol{r}_1-\boldsymbol{r}_2|$が厄介な問題となる. 幸いにも, 現実の水素分子のように, 2つの水素原子が近接して波動関数の重なりが充分大きくなる

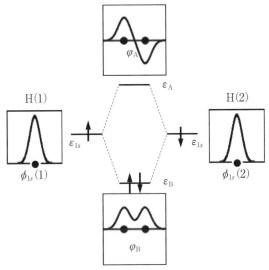

図 3-3 2個の水素原子の $1s$ 軌道エネルギー準位 (ε_{1s}) は，混成により結合軌道準位 (ε_B) と反結合準位 (ε_A) とに分裂する．結合軌道準位のエネルギーは，運動エネルギーの利得により，元の $1s$ 準位よりもエネルギーが下がる．結合軌道準位には，パウリの原理に従い，2個の電子を収容できる．2個の電子は逆向きのスピンでこの結合軌道準位を占め，水素分子を形成する．

と，電子間相互作用の影響が小さくなることがわかっている．相互作用を無視すれば，2電子の問題は，単に1電子の問題の足し合わせになる．

上記1電子ハミルトニアンの変数 ($\boldsymbol{r}, \boldsymbol{p}$) を顕に書いて $H(\boldsymbol{r}, \boldsymbol{p})$ としたとき，電子間の相互作用が無視できれば，水素分子のハミルトニアン H は，

$$H = H(\boldsymbol{r}_1, \boldsymbol{p}_1) + H(\boldsymbol{r}_2, \boldsymbol{p}_2) \tag{3.5}$$

のように変数分離されるのである．1電子の固有状態，固有関数とエネルギー固有値がわかっていれば，2つ目の電子も同じ固有状態で記述できるのである．ただし，電子間のクーロン相互作用を無視したとしても，別の量子力学的相互作用は無視できない．それはパウリ (Pauli) の原理 (あるいは，パウリの排他律) と呼ばれているもので，すべての電子が同等で区別ができないということに由来するものである．この原理のため1つの準位を占有できる電子の数は

最大2で，2つの電子のスピン角運動量は逆を向いていなければならないという2電子の運動状態に対しての制約がつく．

パウリの原理を勘案して水素分子の問題を考えよう．電子間のクーロン相互作用を無視できれば，すでにわかっている1電子の固有状態を使って問題を考えることができる．すなわち，結合軌道と反結合軌道そしてそれぞれの準位 ε_B, ε_A が出発点となる．2つの電子をこの2準位にどのように占有させればエネルギーが最も低くなるかを考えればよい．まず，1つ目の電子をエネルギーの低い結合軌道準位 ε_B に置く．2つ目の電子を最初の電子とは逆向きのスピンで同じ ε_B に置けば，パウリの原理に抵触することなくエネルギーを最も低くできることがわかる(図 3-3)．結合軌道を2つの電子が逆向きのスピンで占有した状態が水素分子の電子構造である． ε_B は ε_{1s} の下にあるので，この電子構造は2つの独立した水素原子に比べ $2(\varepsilon_{1s} - \varepsilon_B)$ だけエネルギーが低いことがわかる．何度も繰り返すが，エネルギーの低下は，電子が結合軌道という空間的により拡がった軌道に移ることがもたらす運動エネルギーの利得によるものである．このエネルギーの低下が2つの水素原子を結合させ水素分子を形成する結合力(分子結合力)となっている．

固体のバンド構造(強く束縛された電子描像)[4]

これまでの水素分子の議論は固体のバンド構造を理解するためのよい道標となる．固体を N_a 個の同じ原子からなる1つの巨大分子と考える．原子の軌道 n に注目し，N_a 個の原子に番号をつけて，i 番目の原子の n 軌道の波動関数を $\phi_n(\boldsymbol{r} - \boldsymbol{R}_i)$ とする(図 3-4)．N_a 個の原子が互いに近接して規則的に並んだとき，まず，隣り合う原子の n 軌道波動関数 ϕ_n が重なり始めるであろう．話を見やすくするため，原子が等間隔で1方向に配列した1次元固体を考える．隣同志の原子の波動関数が重なれば，原子が規則的に並んでいるので，N_a 個の原子すべてが重なりを通じて連結されることになる．すなわち，電子は重なりを利用して，次々と原子の間を飛び回ることができるようになる(図 3-5 (a))．水素分子の例にならえば，N_a 原子分子の1つの電子の波動関数 ϕ が次式のように，各原子の $\phi_n(\boldsymbol{r} - \boldsymbol{R}_i)$ の重ね合わせ(線形結合)で表されることになる．

3.1 バンド構造

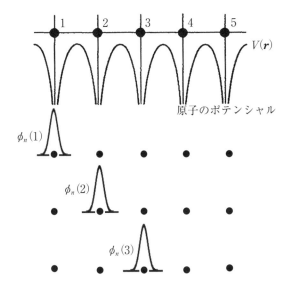

図 3-4 原子が間隔 a で配列している 1 次元結晶．この結晶中を動く電子の波動関数は，各原子 (R_i) の n 軌道の波動関数 $\phi_n(r - R_i)$ ($\phi_n(i)$ と略) の重ね合わせ (線形結合) で表される．

$$\psi_n(r) = \sum_i c_i \phi_n(r - R_i) \tag{3.6}$$

i は 1 から N_a までの和をとる．原子間隔が充分大きく，波動関数の重なりが無視できる場合は，電子はいずれかの原子の n 軌道に束縛されており，そのエネルギーは n 軌道準位のエネルギー ε_n に等しい．このような電子の波動関数 $\phi_n(r - R_i)$ はどの原子 (R_i) に束縛されているかで指定されており，R_i の異なる状態に対応する N_a 本の準位が ε_n に縮重していることになる．水素分子では 2 重に縮重した 1s 準位が電子の 2 つの原子核の間の飛び移りを許すことにより分裂したように，この場合も，波動関数の重なりを利用した原子間の飛び移りによりエネルギーの異なった N_a 本の準位に分裂する (図 3-5(b))．N_a 通りの線形結合のとり方があり，準位のエネルギーは c_i のとり方により異なってくる．さらに，電子は周期ポテンシャル中を動いているので，$\psi_n(r) = \sum_i c_i \phi_n(r - R_i)$ はブロッホ関数でなければならないという条件がつく．こ

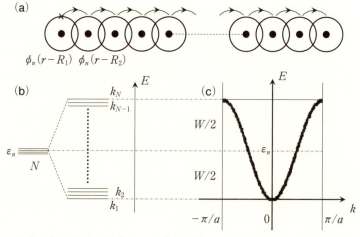

図 3-5 （a）N 個の原子が集合して固体を形成したとき，同じエネルギー ε_n をもつ N 本の軌道準位は，固体中で，（b）n 軌道準位 ε_n を中心に分裂してバンド幅 W のエネルギーバンドが形成される．（c）エネルギーバンドの準位 E_n は結晶運動量 k で指定される．$E_n(k)$ は，最も粗い近似で，正弦関数で表される．

のため N_a 個のパラメーター c_i は互いに k という指数で規定される位相関係で結ばれ（$c_i = e^{ikR_i}$），上記の線形結合は，

$$\psi_{nk}(r) = \sum_i e^{ikR_i} \phi_n(r - R_i) \tag{3.7}$$

という形になる[*1]．

k は第2章の結晶運動量に対応していることは形から明らかである．また，k は N_a 通りの線形結合の組み方を指定しているのであるから可能な k の数が N_a であることも自明である．

[*1] この $\psi_{nk}(r)$ がブロッホの定理を満たすことは容易にわかる．
$$\psi_{nk}(r) = e^{ikr} \sum_i e^{ik(R_i - r)} \phi_n(r - R_i)$$
として，
$$u_{nk}(r) = \sum_i e^{ik(R_i - r)} \phi_n(r - R_i) \tag{3.8}$$
が周期関数であること，$u_{nk}(r + R) = u_{nk}(r)$ を示せばよい．

3.1 バンド構造

重要なのは，各 k に対応するエネルギー準位 $E_n(k)$ である．$E_n(k)$ は 1 電子ハミルトニアン

$$H = \frac{p^2}{2m} - \frac{e^2}{4\pi\varepsilon_0}\sum_i \frac{1}{|r-R_i|} \tag{3.9}$$

のエネルギー固有値である．上の $\phi_{nk}(r)$ は必ずしも H の固有関数ではないが，固有関数をよく近似していると考える(固体物理学では「強く束縛された電子の近似」と名づけられている)．隣り合う原子の軌道だけが重なり合うとして，$\phi_{nk}(r)$ を使った H の期待値が $E_n(k)$ の近似値として次のように計算される(図3-5(c))，

$$E_n(k) = \varepsilon_n - \frac{W}{2}\cos ka \tag{3.10}$$

W はエネルギーバンドの幅(第 2 章の ($E^u - E^l$))，a は隣り合う原子の間隔である．W を決めているのは，隣り合う原子の n 軌道波導関数 ϕ_n の重なり具合である(重なり積分で定義される)，

$$W \sim \int \phi_n^*(\boldsymbol{r}-\boldsymbol{a})\phi_n(\boldsymbol{r})\mathrm{d}\boldsymbol{r}. \tag{3.11}$$

重なりが大きいということは，電子が隣の原子に飛び移りやすいことを意味し，したがって，N_a 本の準位の分裂が大きくなり，エネルギーバンドの幅 W が大きくなる．$E_n(k)$ は原子の n 軌道準位エネルギー ε_n を中心に上下に $W/2$ ずつ拡がり，$\cos ka$ から逆格子ベクトル $(2\pi/a)$ の周期関数であることがわかる．

重要なことは，この「強く束縛された電子の近似」モデルにおいては，バンド指数の意味が明確なことである．n は $1s$, $2s$, $2p$ といった原子軌道に対応している．もちろん，実際の固体物質においては n がどの原子軌道に対応しているか明確ではない場合も多い．例えば，後で述べるように，代表的な半導体であるシリコン (Si) のように，いくつかの軌道が混ざってエネルギーバンドを形成する場合がある．そのような場合でもバンド指数を原子軌道に対応させて固体の電子構造を考えることは，固体物質の電子構造，電気的性質の理解に有用である．

これで，固体のバンド構造を理解するための材料が揃った．簡単のため 1 種

類の原子からなる固体を考えよう．まず，原子の軌道をエネルギーの低い順に並べる．$1s$ 軌道が最もエネルギーの低い軌道で，次に $2s$ 軌道，$2p$ 軌道と続く．$2p$ 軌道は軌道角運動量 $l=1$ の軌道で，それぞれ波動関数が x, y, z の3方向に伸びた $2p_x$, $2p_y$, $2p_z$ の3本の準位からなる．水素原子モデルでは $2s$ と $2p$ を含めた4本の準位は縮重しているが現実には，$2s$ と $2p$ は第6章で述べる特殊相対論効果によりわずかに分裂している．$2p$ の3本も同様に，その固体結晶の対称性が低いと分裂するのである．次は，$3s$, $3p$, $3d$ 軌道である．$3p$ は $2p$ と同様3本の準位からなり，$3s$ 準位の上にある．新たに加わる $3d$ 軌道は軌道角運動量 $l=2$ の軌道で，$2l+1=5$ 本の準位をもつ．以下，$4s$, $4p$, $4d$, $4f$, $5s$, … と軌道準位は無限に続く．

このような原子が N_a 個接近し規則的に並び，電子が原子間を移動できるようになると，各原子軌道 (n) に対応する縮重した N_a 本の準位が分裂してエネルギーバンドを形成する．各 N_a 準位は第1ブリュアン帯の結晶運動量 $\boldsymbol{k}$ で指

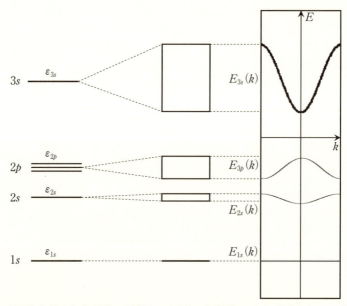

図 3-6 「強く束縛された電子の近似」で原子の各軌道 ε_n から形成されるエネルギーバンド E_n を模式的に描いた．

定され，軌道準位エネルギー ε_n を中心に上下に拡がり，有限のエネルギー幅をもった1つのエネルギーバンド $E_n(\boldsymbol{k})$ となる．このバンドが，おおむね軌道準位 ε_n に倣って，エネルギー順に並んだのが図3-6に模式的に示す固体のバンド構造である．固体中の電子は真空中の電子のように基本的に自由を享受するが，1つの結晶運動量に対して無数のエネルギー固有値が存在する（$E_n(\boldsymbol{k})$ は結晶運動量 $\boldsymbol{k}$ の無限多価関数である）．

3.2 金属と絶縁体

前節のバンド構造は1電子ハミルトニアン

$$H = \frac{p^2}{2m} - \frac{e^2}{4\pi\varepsilon_0}\sum_i \frac{1}{|r-R_i|} \tag{3.12}$$

のエネルギー固有値を記述したものである．固体は本来，相互作用する N 電子問題であり，N は 10^{23} にもなるため，この問題を厳密に解くことは不可能である．しかし，水素分子で見たように，電子間のクーロン相互作用を無視すると，1電子問題の解を基に，2電子問題の水素分子の近似的な電子構造とその分子結合力の起源が理解できる．固体中の電子も電子間のクーロン相互作用を無視すれば，前節の1電子バンド構造をもとに，その電気的性質を理解できるのである．第7章で記すが，固体は膨大な数のフェルミ粒子である電子の集団であるがゆえに，電子間相互作用を無力化するメカニズムが働いている．実際，多くの固体の電気的性質は1電子のバンド構造で理解，予想することが可能である．

ある固体の1電子エネルギー固有値が図3-6に示されたようなものだとする．バンド構造は，これらのエネルギー固有値(準位)に固体中にある N 個すべての電子を，全エネルギーが最も低くなるように分布(分配)させることで完成する．始めは，1個の電子を $1s$ バンド内の最低エネルギー準位に置くことである．2個目の電子は1番目の電子とスピンの向きを反対にして同じ最低準位に置けばよい．これはパウリの原理で許される．次の3個目の電子は，最低エネルギーの準位をすでに2個の電子が占有しているので，次に低い $1s$ バン

ド内の準位に置く．これが可能なのは電子間の相互作用を無視できるからである(相互作用が働けば，あらたに加わった電子は，すでに存在する2個の電子とエネルギーと運動量をやり取りして，それらの状態を変えてしまうであろう)．このように1sバンド内の準位を下から2個ずつ電子で詰めていく．もし，1sバンドがすべて占有されても，まだ電子が余るときには，次の2sバンドを同様な方法で下から順に詰める．このような手順を繰り返して，N個の電子をすべて収容し終えて初めてバンド構造が完成する．

N個の電子がどのようにエネルギーバンドを占有するかが重要になる．おおまかにいえば図3-7に示す2つのケースに分かれるであろう．1つは，(1) N電子があるバンドの準位までをすべて占有し，次のバンドは空で終わる場合(図3-7(a))．もう1つは，(2)最後のバンドを一部占有して終わる場合である(図3-7(b))．前者の場合，固体は絶縁体になり，後者の場合は金属になる．

金属か絶縁体かを実験で判別するのは，外部から電場(できるだけ弱い)をかけたとき，電流が流れるか否かである．固体中の電子はすべて「自由」電子で

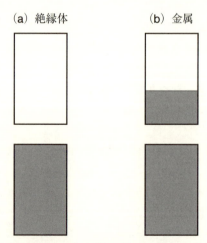

図3-7 固体中のすべての電子をエネルギーバンドに収容したとき，想定されるバンド占有状況．(a)あるバンドを完全占有する．エネルギーギャップを隔ててその上にあるバンドは非占有．この場合，固体は絶縁体となる．(b)バンドを部分占有する．この場合，固体は金属となる．

ある.にもかかわらず,電場をかけても電流を流すことができない絶縁体とは何であろうか? このことを理解するには,電場が個々の電子にどのような働きをするかを考える必要がある.電場がないとき,個々の電子は「自由」に運動しているが,その運動方向(速度 v_i)はバラバラで,あらゆる方向を向いている(図 3-8(a)).個々の電子が運ぶ電流は ev_i で,したがって,それを全部足し合わせると,ほぼ確実にゼロ($\sum_i ev_i = 0$)になりマクロな電流は流れない.電場をかけたときマクロに電流が流れるためには,多数の電子がその運動方向をできるだけ電場に平行なベクトル成分をもつように変えなければならない.より正確には,k_i という結晶運動量をもった電子が電場によりその運動量を k_i' に変えることができ,k_i' は電場ベクトル E に平行な成分を k_i より多くもつことが必要である(図 3-8(b)).k_i が k_i' に変わると,電子のエネ

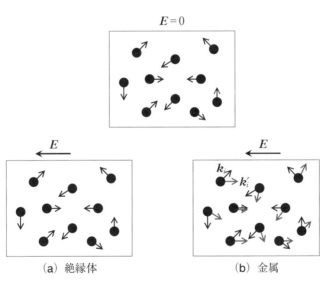

(a) 絶縁体   (b) 金属

図 3-8 固体中の電子は「自由」で,さまざまな結晶運動量をもってバラバラな方向に動いている.このため,個々の電子が運ぶ電流は打ち消し合って,固体全体を流れる電流はゼロとなる.外部から電場 E をかけたとき,(a)パウリの排他律により,電子の運動量変化が禁止されているのが絶縁体で,(b)電場方向の成分を多くもつような運動量変化が可能なのが金属となる.

ギーは$E_n(\boldsymbol{k}_i)$から$E_n(\boldsymbol{k}'_i)$に変化する．このエネルギー変化分は電場から供給される．通常，電流を測定するための電場は微弱であるので，電場から供給されるエネルギーは微小である．ゆえに，パウリの原理の制約のもとに，この変化が起きるためには，$E_n(\boldsymbol{k}'_i)$が非占有の準位で$E_n(\boldsymbol{k}_i)$準位の近くでなければならない．

　金属では，この運動量変化が容易に起こる．金属はあるバンドを途中まで占有しているので(一番上の占有準位をフェルミ準位という)，そのすぐ上に非占有準位がたくさんあるからである(**図 3-9**(b))．これに対して，絶縁体では，電子に完全占有されているバンドとその上にあるバンドとの間に「**エネルギーギャップあるいはバンドギャップ**」と呼ばれる有限のエネルギー間隙が存在する(図 3-9(a))．パウリの原理に阻まれて，完全占有されたバンド内での運動量変化は禁止される．電流につながる運動量変化を起こすためには，エネルギーの離れた別のバンドの$E_{n'}(\boldsymbol{k}'_i)$に移らなければならず，微弱な電場では，そのためのエネルギーを供給できないのである．

　このように，電子のバンド占有状況，(1)か(2)か，で固体の電気的性質が決まる．数学的な場合の数の問題として見れば，不完全占有(2)の場合，すな

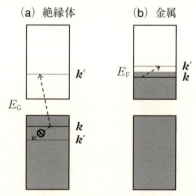

図 3-9　(a)絶縁体では，バンドが完全占有されているため，パウリの原理が運動量変化を禁止する．さらに，エネルギーギャップ(E_G)の存在のため，非占有バンドへの運動量変化には，大きなエネルギーが必要となる．(b)金属の場合は，フェルミ準位E_Fのすぐ上に非占有の準位があるので，わずかなエネルギーで，容易に電子の運動量を変化させることができる．

わち金属が圧倒的に多い．（1）の絶縁体はバンドが完全に占有されるという偶然の産物ということになってしまう．しかし，「強く束縛された電子の近似」に立てば，（1）も（2）もほぼ同じ確率で実現することがわかる．例えば，水素(H)原子の $1s$ 準位の電子占有数は1であり(半占有)，ヘリウム(He)原子では2(完全占有)である．それぞれの原子が N_a 本集まって固体をつくると，N_a 本の $1s$ 準位からなる $1s$ バンドが形成される(実際にHやHeが固体をつくるのは超高圧，極低温下においてである)．各準位は最大2個の電子を収容できるので，N_a 本の $1s$ 準位の集合である $1s$ バンドに収容できる電子の数は $2N_a$ となる．水素1原子は $1s$ 軌道電子を1個もっているので，水素固体の $(1s)$ 電子数は N_a である．N_a 個の電子を $1s$ バンドの下の準位から2個ずつ詰めていくと，$1s$ バンドがちょうど半分詰まった状態で終わる(図3-10(a))．これは金属である．

一方，He固体の場合は，各He原子には2個の $1s$ 軌道電子がいるので，合計 $2N_a$ 個の電子が $1s$ バンドを完全に占有することになる．もし，1つ上の $2s$ 軌道からつくられる $2s$ バンドが $1s$ バンドとエネルギーギャップで隔てられていれば，このHe固体は絶縁体であろう(図3-10(b))．

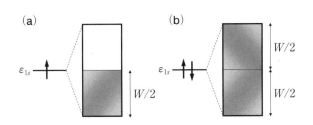

図3-10 仮想的(a)水素固体，(b)ヘリウム固体のバンド構造．$1s$ 軌道からつくられるバンドは，水素固体では半占有，ヘリウムでは完全占有される．水素固体の場合，占有された準位はすべて $1s$ 軌道準位の下になるので，大きな(運動)エネルギーの利得が生ずる．一方，ヘリウム固体では，バンドの下半分を占有する電子はエネルギーを得し，上半分の電子は損するので，エネルギーの利得はない．固体を結合させる力は他に求めなければならない(中性原子間にはファン・デル・ワールス(van der Waals)引力が働く)．

以上の考察からわかるように，一般に，原子の n 軌道（p 軌道の場合は p_x, p_y, p_z のいずれか）からつくられるバンドの占有状況は，そのバンドが他のバンドから孤立していれば，元の原子 n 軌道にいる電子数で決まるのである．n 軌道にいる電子数は 1 か 2（0 も含む）なので，n 軌道バンドは半占有か完全占有（非占有）かのいずれかになる．前者の場合は金属，後者の場合は絶縁体になり得る．このように考えれば，絶縁体は決して偶然の産物ではなく，原子の個性（原子番号すなわち電子数）により必然的に生まれることがわかるであろう．より一般的には，奇数個の電子をもつ原子からできる固体は，ほぼ確実に金属である．なぜなら，1 つのバンドが収容できる電子数は $2N_a$ と偶数なので，原子が奇数個の電子をもつ場合は，一番上のバンドが必ず半占有になるからである．「強く束縛された電子の近似」モデルでは，半占有のバンドにおいて（例えば，式(3.10)で表されるバンド）電子に占有されている準位はすべて，元の原子軌道準位 ε_n の下にある．原子がバラバラの状態よりも固体をつくった方が，大きく運動エネルギーを得することがわかる（図 3-10(a)）．この大きなエネルギーの利得が金属固体をつくる要因になって原子を結びつける（金属結合と呼ばれる）．

偶数電子の場合は，その固体は絶縁体になり得る（実際，絶縁体になるかは他のバンドとの兼ね合いによる）．「強く束縛された電子の近似」モデルで考えると，半占有からさらに電子の数を増やすと，徐々に運動エネルギーの損失分が増大することになる．このバンドが完全占有されたときには，（運動）エネルギーの利得と損失がバランスしてしまう（図 3-10(b)）．したがって，もはや金属結合が固体形成の主要因ではなくなる．後述の，共有結合などの固体結合メカニズムが絶縁体では働いている．

3.3　元素の周期表：シリコン(Si)は何故半導体か

これまで説明した，主として「強く束縛された電子の近似」に立ったバンド理論がどのように具体的な固体物質に適用されるか見てみよう．最も教育的な例は，元素の周期表である（表 3-1）．本章は，簡単のため，単一原子（元素）からなる固体を議論してきた．また，周期表というのは元素の化学的性質により

3.3 元素の周期表：シリコン(Si)は何故半導体か

表 3-1

	1	2	3	4	5	6	7	8	9	10	11	12	13	14	15	16	17	18
	IA	IIA	IIIA								IB	IIB	IIIB	IV	V	VI	VII	VIII
1	^{1}H																	^{2}He
2	^{3}Li	^{4}Be											^{5}B	^{6}C	^{7}N	^{8}O	^{9}F	^{10}Ne
3	^{11}Na	^{12}Mg											^{13}Al	^{14}Si	^{15}P	^{16}S	^{17}Cl	^{18}Ar
4	^{19}K	^{20}Ca	^{21}Sc	^{22}Ti	^{23}V	^{24}Cr	^{25}Mn	^{26}Fe	^{27}Co	^{28}Ni	^{29}Cu	^{30}Zn	^{31}Ga	^{32}Ge	^{33}As	^{34}Se	^{35}Br	^{36}Kr
5	^{37}Rb	^{38}Sr	^{39}Y	^{40}Zr	^{41}Nb	^{42}Mo	^{43}Tc	^{44}Ru	^{45}Rh	^{46}Pd	^{47}Ag	^{48}Cd	^{49}In	^{50}Sn	^{51}Sb	^{52}Te	^{53}I	^{54}Xe
6	^{55}Cs	^{56}Ba	^{57}La	^{72}Hf	^{73}Ta	^{74}W	^{75}Re	^{76}Os	^{77}Ir	^{78}Pt	^{79}Au	^{80}Hg	^{81}Tl	^{82}Pb	^{83}Bi	^{84}Po	^{85}At	^{86}Rn

^{58}Ce	^{59}Pr	^{60}Nd	^{61}Pm	^{62}Sm	^{63}Eu	^{64}Gd	^{65}Tb	^{66}Dy	^{67}Ho	^{68}Er	^{69}Tm	^{70}Yb	^{71}Lu

さまざまな「族」に分類されている．これは同時に，元素が固体を形成したとき，その固体が示す電気的性質の分類でもある．例えば，第 IA (1) 族元素群 Li, Na, K, Rb, Cs は，共通の化学的特徴として，最外殻の s 軌道に電子を 1 つだけもつ．原子核による束縛が弱いため，容易にその電子を放出して 1 価の + イオンになる．この第 IA 族 (1 族) 元素は別名「アルカリ金属」元素と呼ばれている．固体をつくったとき，どれも「単純な」金属になるからである．

アルカリ金属のバンド構造を，ナトリウム (Na) を例に，前節 3.2 の処方箋で考えてみよう．Na は原子番号 $Z=11$ の元素で 11 個の電子をもつ．原子軌道準位は下から $1s$, $2s$, $2p$, $3s$ と続く．11 個の電子を $1s$ 準位から 2 個ずつ各準位に置いていく．次は $2s$ に 2 個，そして，$2p$ は 3 本の準位からなるので電子を 6 個収容できる．ここまで 10 個が収まり，残りは 1 個である．$2p$ の上に $3s$ 準位があるので最後の 1 電子はこの準位を占めることになる．以後，原子 (元素) の電子配置を次のように書くことにしよう．

$$\text{Na}: (1s)^2(2s)^2(2p)^6|(3s)^1 \tag{3.13}$$

軌道準位をエネルギー順に左から右に並べ，各準位の電子占有数を上つき数字で表している．$2p$ と $3s$ との間に | が入れてあるのは，内殻軌道と最外殻軌道を区別するためである．内殻軌道は電子に完全に占有され（化学では閉殻をつ

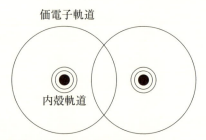

図 3-11 原子の内殻電子軌道と最外殻(価電子)軌道イメージ．価電子軌道は相対的に拡がっているので，近接する原子の同軌道との重なりが大きくなる．

くるといい，化学反応にほとんど寄与しない軌道をいう)，そこにいる電子は原子核に強く束縛されている軌道である．最外殻軌道は価電子軌道とも呼ばれ，原子核の最も外側を周り，文字通り，その軌道にある電子数が化学的にその元素の(イオン)価数を決める．価電子軌道の電子は原子核の正電荷を多数の内殻電子が遮蔽するため，原子核の束縛が弱く，その波動関数は内殻電子に比べかなり拡がっている(図 3-11)．

この Na 原子の電子配置を基に，「強く束縛された電子の近似」に立って N_a 個の Na 原子からなる固体のバンド構造を考える．固体中では各軌道の準位が分裂して，軌道準位エネルギー ε_n を中心に N_a 本の準位がエネルギーバンドを形成する．すでに述べたように，バンドの幅は隣り合う原子の軌道波動関数の重なりの大きさで決まる．したがって，原子核に強く束縛された内殻電子軌道(Na の場合は $1s$, $2s$, $2p$ 軌道)の波動関数の重なりは小さく，幅の狭いバンドを形成することになる．内殻電子軌道からつくられるバンドは電子によって完全占有されているので，固体の電気的性質に影響を与えない(電気的性質以外の物理的性質にもほとんど関与しない)．これに対して，より拡がった波動関数をもつ価電子軌道(Na では $3s$ 軌道)の電子は広い幅をもったバンドをつくるであろう(価電子バンドと呼ぶ)．それゆえに，固体中では，価電子軌道がつくるバンドの電子が際立って高い「自由」さをもち，物理的性質(物性)，特に，電気的性質を支配する．ここでも，化学的性質と物理的性質との密接な関係が見られる．Na の価電子バンドである $3s$ バンドは半占有であり，Na 固体は金属になると予測できる(図 3-12)．

3.3 元素の周期表：シリコン(Si)は何故半導体か

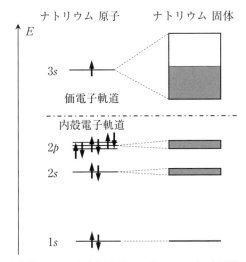

図 3-12 「強く束縛された電子」近似のナトリウム(Na)固体のバンド構造.

周期表を Na から右に進むと，バンド構造はやや複雑になる．$Z=12$ のマグネシウム(Mg)原子の電子配置は，Na よりも電子が 1 つ多いので 3s 価電子軌道を 2 つの電子が占有する，Mg：$(1s)^2(2s)^2(2p)^6|(3s)^2$．上に述べた理由で，内殻電子軌道は化学的，物理的性質のほとんど関与しないので，以下の議論では省略して，Mg：$(3s)^2$ と書くことにする．Mg は偶数電子をもつ原子であるので，固体を形成した場合，その固体は絶縁体になり得る(**図 3-13**(a))．しかし，よく知られているように Mg は金属である．これを理解するためには，価電子配置を Mg：$(3s)^2(3p)^0$ と書くべきである．同じ主量子数をもつ s と p 軌道準位のエネルギー差は，原子番号が小さいときは，わずかである(エネルギー差は，第 6 章で説明するようにアインシュタインの特殊相対論効果で決まる)*2．

3s，3p とも価電子軌道なので固体では大きな幅の(1 eV 以上の)バンドを形

---

*2 特殊相対論効果の大きさの目安はリードベル Ry($=13.6$ eV)単位で $\sim(Z/137)^2$ である．1/137 は微細構造定数．$Z=12$ の Mg では相対論効果は小さく，3s と 3p のエネルギー差は高々 0.01 eV $=10$ meV．

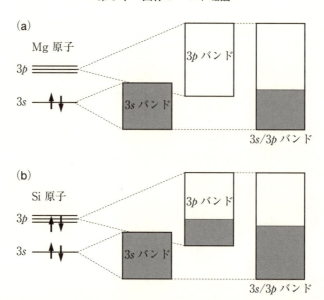

図 3-13 （a）マグネシウム(Mg)固体のバンド構造. $3s$, $3p$ 価電子軌道がつくるバンドが重なって，幅広い $3s/3p$ バンドが部分占有された金属が実現する．（b）シリコン(Si)原子が Mg 固体と同じ結晶をつくったときに想定される金属バンド構造．

成する．そのため $3s$ バンドと $3p$ バンドは重なり，$3s/3p$ バンドともいうべき幅の広い1つのバンドとなる．この $3s/3p$ バンドは計 $8N_a$ 個の電子を収容できるので Mg の2つ価電子は，このバンドの 1/4 を占めるだけである（図 3-13（a））．このため Mg 固体は金属になる．実際のバンド構造は複雑であるが，上記の説明は定性的に正しい描像になっている．次のアルミニウム(Al)も金属であり，Al: $(3s)^2(3p)^1$ から $3s/3p$ バンドを 3/8 だけ占有する．

シリコン(Si)は何故半導体か[5]

では $Z=14$ のシリコン(Si)はどうだろうか？ 我々は Si が半導体と呼ばれる絶縁体であることを知っている（半導体は以下に述べる共有結合の固体で，エネルギーギャップが比較的小さな絶縁体のことをいう）．しかし，これまでの議論を延長すれば，Si: $(3s)^2(3p)^2$ なので $3s/3p$ バンドを半占有する金属で

3.3 元素の周期表：シリコン(Si)は何故半導体か

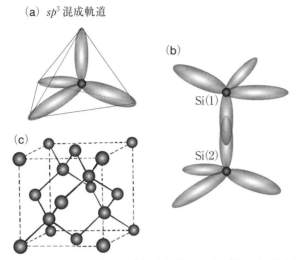

図 3-14 （a）シリコン原子の4本の sp^3 混成軌道．（b）sp^3 混成軌道を使った2個の Si 原子の共有結合．（c）共有結合により形成されるダイアモンド構造結晶．

あることが予想される（図 3-13（b））．

　何故 Si が絶縁体であるかを説明するには，炭素（C）に始まる IV 族（14族）元素特有の状況を理解する必要がある．有機化学でおなじみの炭素の化学的特徴の1つは混成軌道をつくることである．混成軌道というのは s 軌道の波動関数 ϕ_s と3つの p 軌道の波動関数 $\phi_{px}, \phi_{py}, \phi_{pz}$ との重ね合わせ，$c_1\phi_s + c_2\phi_{px} + c_3\phi_{py} + c_4\phi_{pz}$ でできる sp^3 と呼ばれる分子軌道のことである．これはメタン CH_4 でよく知られた C から出る4本の結合腕で表現される（**図 3-14**（a））．4本それぞれの腕に水素 H が結びつくことで CH_4 分子がつくられる．各水素の代わりに別の炭素の4本の腕の1本が結びつき（図3-14（b）），sp^3 混成軌道を介して炭素のネットワークの形で結晶を形成しているのがダイアモンドという炭素の固体である．半導体 Si は，同様な sp^3 混成軌道によりダイアモンドと同じ結晶構造をもつ（図3-14（c））．

　したがって，実際のシリコン固体は，Si 原子からではなく，「Si 分子」を出発点としてバンド構造を考えなければならない．水素分子で見たように，Si

の 3s と 3 本の 3p 軌道から軌道混成により結合軌道と反結合軌道という分子軌道がつくられる．これら分子軌道のエネルギーは，隣り合う Si の sp^3 混成軌道波動関数の大きな重なりにより大きく分裂する．結合軌道のエネルギーは Si 原子の 3s, 3p 軌道準位エネルギーより低くなる(図 3-15(a))．再三見てきたように，このエネルギーの低下は，混成により波動関数が拡がり，緩やかに空間変化することから生ずる電子の運動エネルギーの利得からくるものである．それぞれの分子軌道は 4 本の準位から形成されているので，そこに収容できる電子は最大 8 個である．Si 原子には 3s と 3p に 2 個ずつ計 4 個の電子がいるので「Si 分子」は 8 個の電子をもっている．したがって，この 8 個の電子が結合軌道を完全に占有した状態が「Si 分子」の電子構造となる(図 3-15)．このエネルギー関係からわかるように，Si 原子の 4 個の価電子は，3s, 3p 準位に 2 個ずつ配置しているよりも，もう 1 つの Si 原子と組んで結合軌道準位をつくり，そこを占拠したほうが，かなりエネルギーを得する．このエネルギーの利得が混成すなわち「Si 分子」形成を促すのである．このような原子

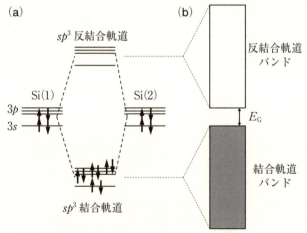

図 3-15 (a)2 個の Si 原子が sp^3 共有結合してできる「Si_2 分子」のエネルギー準位と電子占有．4 本の結合軌道準位と反結合準位に大きく分裂し，結合軌道準位はすべて Si_2 の 8 個の電子により 2 重占有される．(b)「Si_2 分子」の結合軌道と反結合軌道から形成されるエネルギーバンド構造．結合軌道バンドは完全占有され，比較的小さなギャップを隔てて，その上に非占有の反結合軌道バンドが位置する．

間の結合を共有結合という.

ダイアモンド構造のSi結晶をN_a個の「Si分子」の規則配列と見なせば,分裂した結合軌道,反結合軌道がそれぞれバンドを形成する.隣り合う(最近接の)Siの(反)結合軌道の波動関数の重なりは大きく,それぞれ幅の広いバンドを形成する.同時に結合軌道と反結合軌道のエネルギー分裂も大きいので,結合軌道バンドと反結合軌道バンドとの間には比較的狭いバンドギャップが存在することになる.もともとが4本の準位から始まっているので,両者とも収容できる電子数は$8N_a$.したがって,$8N_a$個すべての価電子が結合軌道バンドを完全に埋める(価電子帯とも呼ばれる).一方,バンドギャップで隔てられている反結合軌道バンドは完全に空となる(伝導帯と呼ぶ).これがSiのバンド構造であり,比較的小さなエネルギーギャップの絶縁体となる(図3-15(b)).まったく同じ機構でダイアモンド(C),ゲルマニウム(Ge)も半導体になる.エネルギーギャップはC→Si→Geの順に小さくなり,同じIV族で,さらに重い(原子番号の大きい)錫(Sn)と鉛(Pb)は,もはや半導体ではない.

化合物半導体

これまで,議論を簡単にするために,単一の原子(元素)からつくられる固体のバンド構造を考察してきた.しかし,我々の周囲にある固体は,2種類以上の原子から構成されているものも数多くある.このような場合のバンド構造をどう考えたらよいか,半導体Siと関係の深い化合物半導体の例で示すことにしよう.LEDなど光学素子で身近な化合物半導体GaAsを取り上げる.ガリウム(Ga)はⅢB(13族)族,砒素(As)はⅤ(15族)族の元素なので,GaAsはⅢ-Ⅴ族半導体と呼ばれている(表3-1の元素の周期表参照).

これまでのように,Ga原子とAs原子の価電子配置から始める.Ga:$(4s)^2(4p)^1$そしてAs:$(4s)^2(4p)^3$である.もし,AsからGaに電子を1つ移動させれば,それぞれ$(4s)^2(4p)^2$のSiやGeと同じ電子配置になることがわかる.しかし,電子の移動により,それぞれがGa$^-$とAs$^+$とにイオン化して,+イオンと-イオンとの間に働くクーロン引力によりイオン結合をつくることは,下記の共有結合に比べると大きなエネルギーの得にはならない.むしろ,電子配置がGeに近いことから,それぞれがsp^3混成軌道を構成して共有結合

をしたほうが，より大きなエネルギーの利得をもたらすことになる．sp^3混成から，それぞれ4本の準位からなる結合軌道と反結合軌道がつくられる．その結果，エネルギー配置はSiの場合と同じになる．違いは，Gaには電子が3個，Asには電子が5個という電子数だけである．しかし，結合軌道は「共有」の軌道なので，Gaの電子かAsの電子かを区別しない．したがって，合計8個の電子は結合軌道を完全占有できるのである（図3-16）．結合・反結合軌道から見れば「GaAs分子」の電子構造は「Si分子」のそれとほぼ同じである．当然の結果として，sp^3混成に基づく共有結合によりつくられる結晶は，同じダイアモンド構造をもつことになる（この場合は異種原子が交互に結合して結晶をつくっているのでzincblendeという別名で呼ばれる）．GaAs固体のバンド構造もSiやGeのバンド構造と同じもの，半導体になることは明らかである．同様に，ZnSやCdTeのようなⅡB族（12族）とⅥ族（16族）との化合物もsp^3混成によりダイアモンド（zincblende）構造を有する半導体になる（Ⅱ-

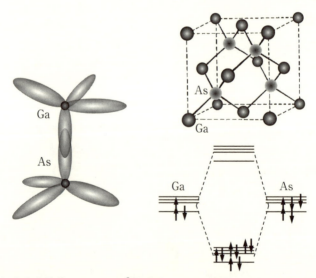

図3-16　化合物半導体GaAsのsp^3共有結合と結合軌道，反結合軌道準位の電子占有．共有結合Siと同じ電子占有状況が実現する．併せて，GaAsの結晶構造（zincblende構造）を示す．

VI族半導体).

3.4 ドーピング，電子と正孔

SiやGaAsのような半導体，より一般に絶縁体は電流の担い手をもたない．しかし，以下に述べるドーピングという化学操作により電流の担い手をつくり，絶縁体を金属に変えることができるのである．Siを例にとり，Si結晶中のSi原子の1つをV族のリン(P)で置換する(図3-17(a))．Pの価電子配置はP:$(3s)^2(3p)^3$で，Siに比べ$2p$軌道に電子を1つ余計にもつ．Pが1原子混入することで固体の周期性は局所的に破れるが，大部分の結晶空間は周期性を保持しているので，Siのバンド構造にはほとんど影響を与えないであろう．純粋Si中の価電子数をNとすると，Pに置換されたSi(Si:Pと記す)は，

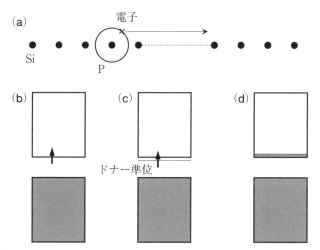

図3-17 （a）シリコン1原子がリン(P)に置換された不純物半導体．(b)P原子がもつ余分の電子は伝導帯の底の準位を占めて，結晶中を動き回ろうとする．(c) しかし，電子を放出したP原子は＋にイオン化(P^+)するため，電子をその周りに弱く束縛して伝導帯の下に形成された不純物(ドナー)準位を占める．(d)置換されたP原子の数が多くなると，不純物準位は伝導帯に吸収される．Pが供給する電子は伝導帯を部分占有し，金属状態が実現する．

($N+1$)電子系となる．N個の電子で結合軌道バンド(価電子帯)が完全に埋まっているのであるから，余分な1電子はギャップで隔てられた反結合軌道バンド(伝導帯)の1番下の準位を占めることになる(図3-17(b))．このバンドはほとんど空なので電子は電流を運ぶことができるのである．電子を絶縁体に供給するという意味で，このような化学操作をドーピングと呼ぶ．

では，ドーピングにより伝導帯に置かれた1つの電子は本当に電流を運べるのだろうか？ 答えは否である．電子を1個放出したP原子はイオン化してP^+に帯電する．せっかく，伝導帯に入った電子は帯電したP^+イオンに引きつけられ束縛されてしまうのである(図3-17(a))．Si中のP^+は孤立したPイオンとは違い，周囲をすべてSi原子に囲まれている．P^+がつくり出す局所的な電場は周囲のSi原子を電気分極させ，その分極がPイオンの電荷をある程度遮蔽する．さらには，P自身もsp^3混成，すなわち，共有結合に加担しているので，電子の束縛力は非常に弱くなっている．そのためPに束縛された電子は元のP原子に戻るのではなく，P原子を中心とした広い(数十個のSi原子を含む)領域を徘徊することになる．バンド構造上に描けば，電子は伝導帯の準位を占めるのではなく，伝導帯の底からわずか下(10 meV程度)の孤立した準位に入ることになる(図3-17(c))．この準位を不純物(ドナー)準位という(厳密にいえば，不純物準位ができる分，伝導帯から準位が1本なくなる)．

いま，1個のP原子置換を考えたが，実際のドーピングはSi結晶1 cm^{-3}当たり$10^{14} \sim 10^{20}$個のP原子置換でなされる．一見，置換されたP原子の数は膨大で，Si結晶の原子の周期配列，そして電子のバンド構造に深刻な影響を与えそうである．しかし，Si結晶には10^{23} cm^{-3}ものSi原子が密集しているので，Pの密度は希薄であり，上述のようにP自身も共有結合を担っている．そのため，純粋Si固体のバンド構造が大きく変更を受けることはない．Pから供給された電子はゆるく束縛されているので，その束縛状態の波動関数は前記のように拡がっている．置換されたP原子の数がある程度大きくなると(10^{18}-10^{19} cm^{-3}程度)束縛波動関数に重なりが生じてくる．この重なりが固体全体に及ぶと，電子は重なりを利用して固体中を動き回ることができるようになる．このとき，不純物準位は，もはや孤立準位ではなく，伝導帯に吸収される．置換されたP原子の数だけ価電子数が増えているので，伝導帯の下

3.4 ドーピング,電子と正孔

方の一部が電子で占有され金属状態が実現する(図3-17(d)).このような半導体を不純物半導体あるいはN型半導体と呼ぶ.ドーピングにより絶縁体が金属に変わるのである.第4章で述べるように,不純物半導体の電子は,通常の金属中のように電流を運べるのであるが,置換された原子が結晶の規則性を乱し電子を散乱するので,電子の運動は制約を受けたものになっている.ドーピングによる金属化は半導体だけではない.銅酸化物高温超伝導も母体の絶縁体からドーピングにより実現するのである.

電子と正孔

絶縁体に電子を供給するだけがドーピングではない.電子を奪うドーピングもある.Si結晶中のSi原子の1つを,今度は,ⅢB(13)族のアルミニウム(Al:$(3s)^2(3p)^1$)で置換してみる(図3-18(a)).Siよりも価電子が1つ少ないので,Si:Alは$(N-1)$電子系になる.Siの価電子帯の一番上の準位に1つあき(孔)ができることになる.しかし,P置換の場合と同様,価電子帯にあ

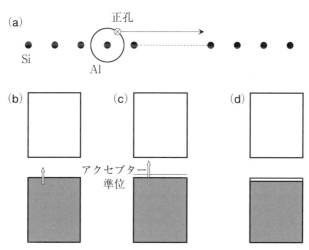

図3-18 アルミニウム(Al)原子に置換されたSi結晶のバンド構造.AlはSi結晶に正孔を放出する.放出された正孔は,イオン化したAl$^-$に束縛され,価電子帯の上に不純物準位(アクセプター準位)を占める.Al原子数が増えると,不純物準位を吸収した価電子帯を正孔が部分占有した金属状態が実現する.

きができたので価電子帯の電子が電流を運ぶことができることにはならない．この孔は Si の価電子帯にいた電子の 1 つが Al にくっつくことによってできるのである．このとき Al は電子を得て負に帯電する．この Al イオンに孔が弱く束縛されるため，実際は価電子帯にあきはできないのである(図 3-18(b)，(c))．

上の記述は難解かもしれない．その正確な理解には，固体中には負の質量をもった電子がいることを思い出さなければならない．負の質量の電子とは，$E_n(\boldsymbol{k})$ 曲線が負の曲率を示す領域にいる電子である．1 つのエネルギーバンドの上限近くのエネルギー準位にいる電子は必然的に負の質量をもつ(**図 3-19**)．$E_n(\boldsymbol{k})$ はそこで極大となるので，

$$E_n(\boldsymbol{k}) \sim E^u - \frac{\hbar^2 \boldsymbol{k}^2}{2m^*} \qquad (m^* > 0) \tag{3.14}$$

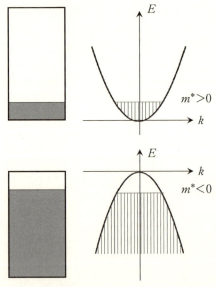

図 3-19 バンド底付近を占有する電子と，頂上付近を占有する正孔．一般に，バンドの底や頂上近傍では $E_n(k)$ は放物線で近似できる．正孔が占有する価電子帯の頂上付近では，エネルギーバンドの曲率 (d^2E/dk^2) が負になっており，電子は負の質量をもつ．しかし，このバンドを占有する正孔にとっては正の質量となる．

3.4 ドーピング，電子と正孔

と近似できるからである．したがって，価電子帯の頂上付近の電子は負の質量をもっている．Al ドーピングはそのような電子の孔をつくるのである．外から電場をかけたとき，実質的に電場に応答するのはこの孔であり，孔は正の電荷をもった，正の質量をもつ粒子として振舞う（第4章を参照）．この粒子は正孔と呼ばれている．Al ドーピングは Si 結晶に正孔を供給するという言い方が電気的性質を考える際，より適切なのである．

正孔の観点から見れば，上記の Si への Al ドーピングは次のように表現することができる．Al ドーピングは Si の価電子帯に正孔を供給する．Si 結晶中で正孔が Al を離れるため，Al は負に帯電し（Al^-），離れた正孔を弱く束縛する．束縛された正孔は価電子帯の上に不純物準位（アクセプター準位）を形成する．Al 置換数を多くすると，不純物準位の波動関数が重なり始め，重なりが結晶全体に拡がると不純物準位は価電子帯に吸収され，価電子帯の上方が正孔に占有された（価電子帯の上部に電子のあきができた）金属が実現する（図 3-18 (d)）．このような半導体は P 型半導体と呼ばれ，そこでは正孔が電流の担い手となる．一般的にいっても，金属中の電流の担い手は電子か正孔であり，両者ともに担い手になることも多い．このような電子または正孔を総称して電荷キャリア，あるいは単に，キャリアと呼ぶ．正孔は，よく電子の反粒子，陽電子に例えられるが，陽電子は真空に大きなエネルギーを注入することによって電子と対になってつくられる．これに対して，正孔は絶対零度の基底状態でも固体中に存在する．バンドのエネルギーに上限があることを考えれば固体中の正孔は，むしろ，普遍的な存在である．電流の担い手が正孔だけという金属すら存在するのである．

参考文献

第2章に掲げた文献［1］，［2］，［3］はバンド理論の標準的な教科書でもある．
本書の「強く束縛された電子の近似」とは逆の「ほとんど自由な電子の近似」を強調した記述の参考書は，例えば，
［4］ 小林俊一，"固体物理"，パリティ物理学コース，丸善(1991)．
半導体物理については，我が国の古典的な参考書として，
［5］ 植村泰忠，菊池誠，「半導体の理論と応用」（物理学選書），裳華房(1960)．

第 4 章

固体の電気伝導

　これまで，固体中の電子は基本的に「自由」であり，絶縁体におけるようにパウリの原理に邪魔されなければ，電流を運ぶことができると説明してきた．しかし，固体中を電子がどのように電流を運ぶかは決して自明ではない．固体（金属）が超伝導状態ではない限り，電流は外から電場をかけ続けて初めて流れるのである．電子が古典力学に従う自由な荷電粒子だとする．一様かつ時間変化しない（定常的な）電場をかけたとき，このような荷電粒子は電場により常に加速され，その速度は増加し続ける．その結果，電流は時間とともに際限なく増大するであろう．実際の固体では，このような破滅的な現象は起こらない．定常的な電流が電場の強さに比例して流れるのである．これは，オーム（Ohm）の法則として古くから知られた現象である．オームの法則は，電子が不純物や格子欠陥，あるいは格子振動などに散乱されて，その運動が微粒子のブラウン運動のようなドリフト拡散運動をしているとして説明される．逆説的ながら，固体の完全性（周期性）が，一部にせよ，壊されていて初めて電流が流れるのである．

ブロッホ波束

　一方，電子は量子力学世界の粒子である．自由であることは波動としての性格をもつことを意味する．固体の電気伝導を理解するためには，波動としての電子（ド・ブローイ波あるいはブロッホ波）が電場にどのように応答するのかを考えることから始めなければならない．波数 k のブロッホ波あるいはド・ブローイ波が電場にさらされると k の近くの異なった波数の状態が混ざり合う．電場と電子との間に運動量とエネルギーのやり取りがなされるからである．k を中心として $k \pm \Delta k$ の範囲の波数の波が重なり合うと，波束という空間のある領域，$\Delta r \sim 1/\Delta k$，に高い存在確率をもつ状態がつくられる（図 4-1）．ブロッホ波の場合，第 1 ブリュアン帯のすべての波数（結晶運動量），$\Delta k \sim 1/a$,

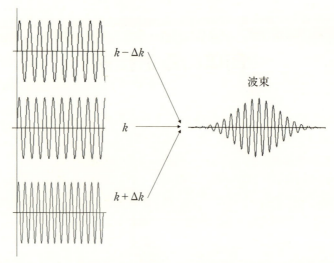

図 4-1 わずかに波数 k の異なる波の重ね合わせにより形成される波束.

を重ね合わせた波束は格子定数程度の拡がりになる，$\Delta r \sim a$. 電場によって形成されるブロッホ波の波束は格子定数の数倍程度になっていると考えられる．よく知られているように，すべての波数の波が重ね合わさった場合の波束は空間の 1 点 r_0 に存在確率が集中したデルタ関数 $\delta(r-r_0)$ となる．

$$\int e^{ik(r-r_0)} dk \sim \delta(r-r_0) \tag{4.1}$$

電子に電場をかけることは電子を観測することでもある．観測は量子力学的対象の状態を変える．ブロッホ波の電場による波束化は，観測による「波動関数の収縮」として知られる量子力学現象の一例ともいえるかもしれない．ブロッホ波束(固体物理学ではワニエ(Wannier)関数として知られる[1])は一様電場のような緩やかに空間変化する外場に対して古典的粒子のように振舞うことが示される．波束の中心座標を R で表すとき，その速度(群速度) V は

$$V = \frac{dR}{dt} = \frac{1}{\hbar}\frac{dE_n(\boldsymbol{k})}{d\boldsymbol{k}} \tag{4.2}$$

で与えられる(波の群速度 $v = d\omega(\boldsymbol{k})/d\boldsymbol{k}$ に対応する．また，ベクトル微分 $d/d\boldsymbol{k}$ は $\nabla_{\boldsymbol{k}}$ とも表記される)．さらに，ポテンシャル $W(\boldsymbol{R})$ の外場の下での

波束の運動方程式は，中心波数を k として，ニュートン方程式と同形の

$$\hbar \frac{d\bm{k}}{dt} = -\nabla_R W(\bm{R}) \tag{4.3}$$

となる．もちろん，$k(\hbar k)$ は第1ブリュアン帯でのみ意味をもつ結晶運動量であるという制約がついている．以下に議論する定常的かつ一様な電場 $\bm{E}$ に対しては，$W(\bm{R}) = e\bm{E}\cdot\bm{R}$ となり，運動方程式，

$$\hbar \frac{d\bm{k}}{dt} = -\nabla_R W(\bm{R}) = -e\bm{E} \tag{4.4}$$

が導かれる．$\hbar \bm{k} = \bm{p}$ とすれば古典力学の運動方程式と同じ形をしている．

4.1 「自由」電子は電流を運べるか

　$\hbar dk/dt = -eE$ という電場 $\bm{E}$ の下でのブロッホ波束の運動方程式は，$\hbar \bm{k} = \bm{p}$ とすれば，古典的な運動方程式と同じに見える．$\hbar \bm{k}$ が自由電子の運動量なら，電子は電場により常に加速され，その速度は増加し続ける．その結果，電流は時間とともに際限なく増大するであろう．しかし，$\bm{k}$ は結晶運動量である．一見すると単純な運動方程式の解は自明ではなくなる．どのような解が得られるかをわかりやすくするため，再び，格子定数 a の1次元結晶中の波束を考えよう；$\hbar dk/dt = -eE$，電場 E は結晶方向に向いているとする．時刻 $t=0$ に電子は結晶運動量 k_0 の状態にあるとして，この方程式の解は，$k(t) = k_0 - (e/\hbar)Et$ となる．運動量 k は時間とともに k_0 から減少するが，どこまでも減少し続けることはできない．k が第1ブリュアン帯の境界 $k = -\pi/a$ に達すると，その運動量は逆格子ベクトル $G = 2\pi/a$ だけ離れた反対側の帯境界の運動量 $k = \pi/a (= -\pi/a + 2\pi/a)$ に変化するのである．運動量 G は結晶格子から与えられる（$-G$ の運動量を結晶格子に放出するといってもよい）．$k = \pi/a$ に飛んだ電子の運動量は，そこから減少し続け，再び，境界 $k = -\pi/a$ にたどりつく．この運動が運動量空間で繰り返される（図4-2(a)）．

　では，実空間での電子の運動はどのようになっているのであろうか？　ブロッホ波束の速度の時間変化を見てみよう．エネルギーバンドを $E_n(k)$ とす

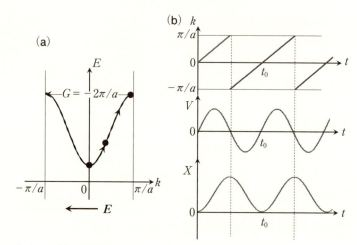

図 4-2 （a） 一様な静電場（E）の下でのブロッホ電子の1次元バンド内運動．（b） 完全1次元結晶中の電子はブロッホ振動する．式(3.10)で近似されるバンド内での，ブロッホ電子波束の結晶運動量(k)，群速度(V)と位置座標(X)の時間変化を示す．

ると，式(4.2)から

$$V = \frac{dR}{dt} = \frac{1}{\hbar}\frac{dE_n(k)}{dk} \tag{4.5}$$

が速度を与える．よほど強力な電場がかかってない限り，電子の運動は同一バンド（n）内にとどまる．$E_n(k)$はkの周期関数であることを考えると，$E_n(k)$の傾き，$dE_n(k)/dk$が第1ブリュアン帯の境界でゼロになることがわかる．上記のkの時間変化から速度Vの時間変化を追うと，電子は帯の左境界に向けて負の(左向きの)速度で減速しつつ近づく．境界では，速度がゼロになる．今度は，正の(右向きの)速度で徐々に加速するが，途中($E_n(k)$の変曲点)から減速に転じ，バンドの極小点で，また速度がゼロになる．極小点を過ぎると，負の速度で帯の左境界に向かう．この速度変化が繰り返される．すなわち，電子の実空間での電子の速度は振動的に正負を繰り返す(図4-2(b))．したがって，電子の運動は振動運動になるのである．この振動はブロッホ振動と呼ばれている[2],*1．

このように，「自由」な電子，ブロッホ電子波束は電場の下で振動運動をし

てしまうので電流を運ぶことができない．振動が持続するためには，定常的なエネルギーの供給と放出が必要である．供給は電場からなされる．放出は，結晶格子が受け皿になっている．

4.2 完全結晶は存在するか

ブロッホ振動は完全結晶での現象である．現実の固体物質でこの振動を観測するのは極めて難しい．現実の固体結晶中には必ず，不純物や格子欠陥といった結晶格子の周期性を乱す不完全性が存在する．例えば，現在最も完全に近い結晶が作製できるとされる半導体シリコンSi結晶中にも $1\,\mathrm{cm}^{-3}$ 当たり 10^9 程度の不純物が混入してしまう（平均不純物間隔は $10^{-3}\,\mathrm{cm}=10\,\mathrm{\mu m}$ となる）．これは，Siの電気的性質に多少とも影響を与える不純物で，影響を与えない

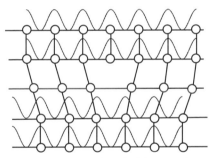

図4-3 結晶中の刃状転位（トポロジカル格子欠陥）．その上下の結晶面上の原子の並びの位相が $\pi(180°)$ ズレている．

---

*1 「強く束縛された電子の近似」，$E_n(k)=\varepsilon_n-(W/2)\cos ka$ で見ると，電子の（群）速度 V は，
$$V(t)=\frac{1}{\hbar}\frac{dE_n(k)}{dk}=\frac{Wa}{2\hbar}\sin[k(t)a]$$
で与えられる．したがって，電子波束の位置 $R(t)$ は，$k(t)=k_0-(e/\hbar)Et$ なので，
$$R(t)=\int V(t)dt=\frac{W}{eE}\cos\left(\frac{e}{\hbar}Eat\right) \qquad (4.6)$$
となり，振動する状況がわかるであろう．振動周波数は $\Omega=(e/\hbar)Ea$ となる．

格子欠陥(結晶転位)やSi原子結晶の隙間に入る酸素原子は，はるかに多く存在する．転位(dislocation，図4-3)は時間が経つにつれ，あるいは外界から衝撃が加わるとその数が増える．転位の数が増えると，固体は塑性変形を起こしやすくなり劣化する．金属では金属疲労として知られている現象である．

対称性の破れ[3]

何故このようなことが起こるのか？　あるいは完全結晶がこの世界では何故存在しにくいのか？　固体は「対称性の破れ」たマクロな状態であるというのが答えである[3]．多数の原子が凝縮した系の基底状態($T=0$ K)では普遍的に対称性が破れる．固体のように多数の原子を記述するハミルトニアンがある変換，例えば，空間座標の原点の移動，座標軸の回転，時間の反転，に対して変化しないとき，そのハミルトニアンは，それぞれ，並進対称性，回転対称性，時間反転対称性をもつという．粒子や波動の運動を支配する基本的物理法則，量子力学のシュレジンジャー方程式，古典力学のニュートン方程式やマックスウェル方程式は上記の空間，時間変換に対して不変であり，したがって，多数の粒子の運動を記述するハミルトニアン $\mathcal{H}$ も同じ変換に対して不変となる*2．

対称性が破れるのはそのハミルトニアン $\mathcal{H}$ の固有状態，特に，基底状態

---

*2　古典電磁気学のマックスウェル方程式を見てみよう．
$$\nabla \cdot \mathbf{D} = \rho, \quad \nabla \times \mathbf{E} = -\partial \mathbf{B}/\partial t,$$
$$\nabla \cdot \mathbf{B} = 0, \quad \nabla \times \mathbf{H} = \mathbf{j} + \partial \mathbf{D}/\partial t$$
の4つの方程式において，座標 $\mathbf{r}$ は空間微分 $\nabla = \partial/\partial \mathbf{r}$ としてのみ表れるので，空間座標の原点を移動させても ($\mathbf{r}' = \mathbf{r} + \mathbf{r}_0$)，座標軸を回転させても方程式は変わらない．空間反転 ($\mathbf{r}' = -\mathbf{r}$) や時間反転 ($t' = -t$) に対しても変わらないこともすぐわかる．電場や磁場が，それぞれスカラーポテンシャル ϕ やベクトルポテンシャル $\mathbf{A}$ の空間微分，$\mathbf{E} = -\nabla \phi$，$\mathbf{B} = \nabla \times \mathbf{A}$ から得られること，電流密度 $\mathbf{j}$ も速度 $\mathbf{v} = d\mathbf{r}/dt$ に関係していることを考えると，$\mathbf{r}' = -\mathbf{r}$ に対して $\mathbf{E}' = -\mathbf{E}$，$\mathbf{B}' = -\mathbf{B}$，そして $\mathbf{j}' = -\mathbf{j}$ と変換されるからである(時間反転 $t' = -t$ に対しても同様に，$\mathbf{B}' = -\mathbf{B}$，$\mathbf{j}' = -\mathbf{j}$ と変換されるので，方程式は不変である．さらに，ゲージ変換，$\mathbf{A}' = \mathbf{A} + \nabla \chi$ に対してもマックスウェルの方程式が不変であることもわかる)．

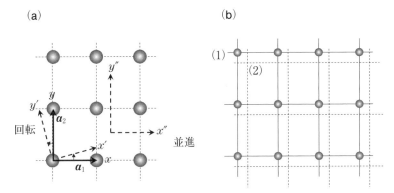

図4-4 (a) 結晶格子の座標軸 (x,y) の回転操作 (x',y') と，並進移動操作 (x'',y'')．(b) 格子(1)と，それからわずかに並進移動した同じ周期をもつ格子(2)．

($T=0$ でエネルギーの最低の状態) Ψ である ($\mathcal{H}\Psi = \mathcal{E}\Psi$)．ほとんどの物質は高温では気相または液相と呼ばれる気体または液体の状態にある．気体や液体の状態は原子や分子の分布が空間的に一様であり，これらの状態は $\mathcal{H}$ と同じ並進・回転対称性をもっている．ミクロな世界では，ハミルトニアン H のもつ対称性と固有状態 ϕ の対称性は一致する．しかし，マクロな世界の $T=0$ の固有状態 Ψ では，多くの系で，ハミルトニアン $\mathcal{H}$ の対称性の1つまたは複数が破れている．例えば，原子 (分子) の集団である物質は高温では気体あるいは液体状態にあるが，低温では固化して固体となる．固体中では原子が規則的に配列しているため原子の分布の一様性が失われている．したがって，固体は並進と回転の対称性が破れた多原子系の基底状態である (**図4-4**(a))．強磁性や強誘電性は時間反転や空間反転対称性の破れた基底状態であり，超伝導はゲージ対称性の破れた多電子系の基底状態として実現する．

「硬さ」とトポロジカル欠陥

対称性の破れたマクロな世界は，ミクロな世界では見られない，いくつかの共通の特性をもつ．その1つが「硬さ」である．気体や液体と違って固体が硬いのは，並進・回転対称性の破れの結果と捉えることができる．気体や液体で

はそれらを構成する原子(分子)の位置はバラバラで(それゆえ，原子は一様に分布しているのであるが)，1つの原子の位置がわかっても他の原子の位置を特定することはできない．それに対して，固体は原子が規則的に配列している状態なので，1つの原子の位置が決まれば他の原子の位置が，量子力学的ゼロ点振動による不確定性はあるが，自動的に決まる．これが硬さの原因である．すなわち，1つの原子の位置を変えたとき，他のすべての原子はそれに追随して移動するのである．気体や液体と違って，一方の端を動かすと他の端も同時に移動する物質が固体の硬さであることを我々は日常的に認識している．また，気体や液体が容易に変形するのに対して，固体は変形にかなりの力を要することはフックの法則として知られており，これも我々が認識する固体の硬さである[*3]．

第8章で述べるが，ゲージ対称性の破れた超伝導状態は波動関数の位相が硬くなった「位相固体」と理解される．ある場所での位相が決まれば，他の場所の位相も自動的に決まるのが超伝導状態だからである．超伝導状態の「硬さ」はマイスナー効果(磁束の排除)そしてゼロ抵抗として観測される．

硬さ以外のもう1つの特性は，トポロジカル(位相)欠陥の存在である．トポロジカル欠陥の存在は，対称性の破れた状態 Ψ が，もとのハミルトニアン $\mathcal{H}$ の対称性を回復しようとすることから生ずる．固体の場合は転位がそれに対応する(図4-3)．原子の位置を周期関数(例えば，図のような正弦波)で表したとき，転移の上下で位相が180°変化する．固体の転位は，物質が固体を形成することで破れた並進・回転対称性を回復しようとするトポロジカル欠陥である．そのため，外からの衝撃や，結晶内部の除去しきれない不純物原子がつくり出す格子歪みを引き金として転位が容易に固体中に発生する．転位を多く含んだ固体は，その硬さが損なわれている．硬い結晶は，外力により変形を受けても，すぐもとに戻る(弾性変形)．転位の入った結晶は，変形させるともとに

[*3] 図4-4(b)のような固体(1)と，それを格子間隔よりも短い距離にさせた固体(2)は異なった状態であることが並進対称性の破れである．変形に要するエネルギーは極めてゼロに近いが，固体(2)は固体(1)をわずかに変形させてできた状態と考えられるのである．

戻りにくくなるので(塑性変形), 破壊を起こしやすくなる(金属の場合, 金属疲労として知られている). いずれにしても, 現実の固体には転位を始めとして, 不純物などが必ず存在するのである. これらの不完全性は結晶の周期性を乱すため, 強弱はあるものの, ブロッホ電子の運動を妨げる. 結晶運動量 k の状態を長時間保持できず, 散乱により異なった運動量 k' 状態に移行してしまう*4.

4.3 不完全結晶中の電気伝導：オームの法則

　完全結晶中の電子は, 電場をかけても電流を運べない. 一方, 不完全結晶中の電子は散乱によりその運動が妨げられる. しかし, 逆説的ながら, この散乱を受けた電子こそが固体中で電流を運ぶ担い手になるのである. 散乱の効果は, まず, 電場による電子のブロッホ振動を抑えることである. 電子が散乱によって運動を変えるため, 振動が持続できない. 電子が電場により加速されても, その運動量の増加分は散乱によりすぐ失われる. しかし, 電場が存在し続ける限り, 散乱されながらも電子は何とか電流を固体の一方の端から他の端まで運ぶことができる(図 4-5).

　固体中をこのように流れる電流 I は, 電場あるいは固体試料の両端の電位差(電圧 V)に比例する ($I=V/R$), ことがオームの法則として知られている. この比例係数の逆数 R が電気抵抗である(電気抵抗の単位は, 電流をアンペア (A), 電圧をボルト(V)としたとき, オーム ($\Omega=V/A$) と表記される). 実際は, 図 4-6 に示すように, 固体試料に電流源から電流 I を流し, 試料に発生する電位差 V を測定する. $V/I=R$ として測定された電気抵抗は試料のサイ

---

*4　Si と同じⅣ族の半導体ゲルマニウム Ge では, 転位に沿った原子列の Ge 原子はダングリングボンド(dangling bond)と呼ばれる 1 本の孤立した sp^3 結合腕をもつ. これが帯電しているために Ge の電気的性質に大きな影響を与える. しかし, 電気的性質への転位の影響は, 半導体シリコンの場合は, それほど深刻ではない. 半導体 Si は結晶内部に多少の酸素(O)が混入している. 酸素は転位に沿って存在する sp^3 混成軌道の結合相手を失ったダングリングボンドを中和してくれるのである. それが, シリコン半導体デバイスで転位をあまり気にしない理由である.

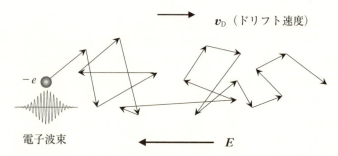

図 4-5 不純物などに何度も散乱されながら電場 E と逆方向に,平均速度 v_D でドリフトする電子(波束).

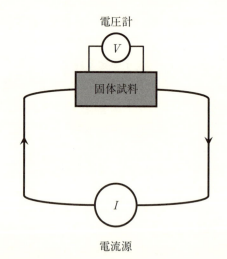

図 4-6 固体の電気抵抗測定法.4端子法と呼ばれるもので,電流を固体試料に流すために試料の両端に電流端子を2個,電圧を測るための端子を2個,試料の側面につける.端子と試料との接触面には接触抵抗が発生する.それが固体の真の電気抵抗に与える影響を避けるために4端子法が適用される.

ズに依存する.試料の抵抗は,断面積 A の小さく,長さ l が長いほど大きくなる.そのため,断面積と長さで規格化した電気抵抗率 $\rho = R(A/l)$ が固体物質の固有の電気伝導の尺度となる.電気抵抗率の単位は Ωm となるが,実際の試料のサイズは cm かそれ以下なので,慣用的に,Ωcm が用いられる.

4.3 不完全結晶中の電気伝導：オームの法則

ドリフト運動をする微粒子のブラウン運動(拡散運動)，あるいは空気中の分子から摩擦力を受けながら落下する水滴の運動である(図4-5)．

これらに共通する古典力学的運動方程式は，

$$m\frac{d^2\boldsymbol{r}}{dt^2} + m\gamma\frac{d\boldsymbol{r}}{dt} + e\boldsymbol{E} = 0 \tag{4.7}$$

である．この第2項は，現象論的な散乱項である．自由落下する水滴の場合は，重力加速度 $\boldsymbol{g}$ が電場 $\boldsymbol{E}$ の役割をし，水滴と空気の分子との衝突項(あるいは摩擦項)を表している．この運動方程式の定常解 $(t \to \infty)$ は，

$$\frac{d\boldsymbol{r}}{dt} = \boldsymbol{v} = -\frac{e\boldsymbol{E}}{m\gamma} \tag{4.8}$$

という一定速度(拡散速度)の粒子運動である．水滴の場合も，一定速度で地上に落下してくる．固体中の電子も，電場で加速されるが，散乱効果により電場に比例する一定の速度で電場方向にドリフト(拡散)していくのである．単位体積当たりの電子の数，電子密度を n とし，上記 $\boldsymbol{v}$ が拡散する電子の平均速度 $\langle \boldsymbol{v} \rangle$ とすれば，電場により固体を流れる電流密度 $\boldsymbol{j}$ は，

$$\boldsymbol{j} = -ne\langle \boldsymbol{v} \rangle = \frac{ne^2}{m\gamma}\boldsymbol{E} \tag{4.9}$$

となる．電子は負の電荷 $(-e)$ をもつので，電場とは逆向きに加速されドリフトするが，$-e$ という電荷が逆向きにドリフトするので電流は電場と同じ向きに運ばれる．この式は電場に比例する電流が流れるというオームの法則を表している．すなわち，散乱は有限な電気抵抗をもたらすのである．

式(4.9)の比例係数 $(ne^2/m\gamma)$ は電気伝導度 σ であり，電気抵抗率 ρ の逆数である $(\sigma = 1/\rho)$．散乱項の係数 γ もその逆数 $\tau = 1/\gamma$ を使って表す場合が多い，

$$\sigma = \frac{ne^2\tau}{m} \quad \left(\rho = \frac{m}{ne^2\tau}\right). \tag{4.10}$$

これはドルーデ(Drude)の式と呼ばれるものである．τ はある散乱から次の散乱までの平均散乱時間に対応する．より正確には運動量 $\boldsymbol{k}$ の電子がその運動量を持続する平均時間である(電荷キャリアの寿命ともいう)．電場により電子の熱平衡(分布)が崩れるので電気伝導は本質的に非平衡状態の現象である．平

衡状態からのずれが大きくないときは(電場が弱い極限では)，久保公式と呼ばれる非平衡の理論が適用でき，ドルーデの式を導くことができる[4],*5．

上記の電気伝導度の導出は，古典力学粒子描像に基づいたものであり，現象論的パラメーターを含んだ粗っぽいものである．にもかかわらず，ドルーデの式は固体の電気伝導の理解に充分耐える汎用性をもっている．ブロッホ波が電場に対して，そして不純物散乱過程でブロッホ波束として応答するからである．ただし，固体中の電子のもつ次の特性を考慮しなければならない．

（1） 電子の質量は，真空中の m ではなく $E_n(\boldsymbol{k})$ の形(曲率)で決まる有効質量 m^* である．m^* は m よりも大きくなる場合もあるが，半導体などでは m よりもはるかに小さくなる（m^* が m の 100 分の 1 以下になる場合もある）．

（2） 電子だけではなく正孔も電流の担い手になる．第 3 章で述べたように正孔は電荷が正 ($+e$)，質量が正の「電子」として電流に寄与する．価電子帯の頂上に正孔が 1 個存在するとする（図 4-7）．電場を右向きに（$+k$ の向きに）かけたとき，価電子帯を占有している電子はそのあいた場所(運動量)へ移るこ

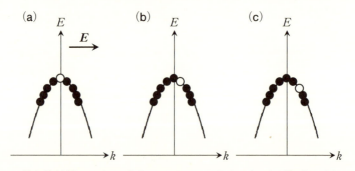

図 4-7 一様な静電場 $\boldsymbol{E}$ が図の向きにかけられたとき，価電子帯頂上近くの正孔は（a）→（b）→（c）の順に運動量を変化させる．これは電場の向きに移動するのと同等である．

---

*5 オームの法則に従って流れる電流をオーミック電流と呼ぶ．超伝導電流(第 8 章参照)のようにオームの法則の従わない電流と区別するのである．オーミック電流は電場が印加されている限り流れ続ける．電場を切ると，電流は短時間（$\sim \tau$）のうちに減衰してゼロになる．

4.3 不完全結晶中の電気伝導：オームの法則

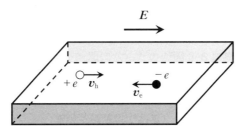

図 4-8 電子と正孔が共存する固体に電場をかけたとき，両者は電場と同じ向きに電流を運ぶ．

とができる．例えば，正孔の右隣(1つ下の準位)の電子が正孔の場所を占めるのが最もエネルギーのかからない移動である．その結果，その電子の場所にあきが生ずる，すなわち正孔が右隣に移動することになる．このプロセスの繰り返しにより正孔は電場の向きにドリフトするのである．したがって，あたかも正の電荷($+e$)をもった粒子が電場の向きに電流を運ぶことになる．したがって，電子と正孔が共存する場合，電流は両者を足し合わせ

$$j = -n_e e \langle v_e \rangle + n_h e \langle v_h \rangle = \left(\frac{n_e e^2 \tau_e}{m_e^*} + \frac{n_h e^2 \tau_h}{m_h^*} \right) E \tag{4.11}$$

となる(図 4-8)．電子にかかわる量には e，正孔にかかわる量には h という添え字がつけてある．電気伝導度は電子と正孔で打ち消すのではなく，電子と正孔の和となる，

$$\sigma = \frac{n_e e^2 \tau_e}{m_e^*} + \frac{n_h e^2 \tau_h}{m_h^*} \tag{4.12}$$

（3） 散乱時間 τ は k に依存し，したがって，正孔と電子とでは散乱時間も異なる*6．

フェルミ準位の近傍の電子が速度 v_F(フェルミ速度)で運動しているとき，次の散乱までに動く距離 $l = v_F \tau$ を平均自由行程という(古典的粒子描像では，l は平均不純物間隔になる)．平均自由行程は固体中の電子の電気伝導に関して，上述のメカニズムが妥当かどうかを判定するための目安となる長さである．電気抵抗率 ρ のドルーデの式(4.10)は平均自由行程 l を使って

$$\rho = \frac{e^2}{h}\frac{k_F}{3\pi}k_F l = \frac{e^2}{h}\frac{k_F^2 l}{3\pi}$$

と書ける.

ドルーデの式，あるいは電子の拡散運動で電気伝導を記述できるためには，

---

*6 これまでの説明は，主として，ドーピングされた半導体を念頭においたものである．電子(正孔)が占有しているのは，エネルギーバンドの下端(上端)近くである．そこでは，$E_n(\boldsymbol{k}) \sim \hbar^2 k^2 / 2m_e$(あるいは $E_n(\boldsymbol{k}) \sim -\hbar^2 k^2 / 2m_h$)と近似できて，電子(正孔)は真空中の自由粒子のように振舞う(第3章の図3-19参照). これに対して，通常の金属の場合は，エネルギーバンドの中心近くまで電子が占有している(バンドの底から測った，電子が占有している最も上の準位のエネルギーをフェルミエネルギー E_F と呼ぶ). パウリ原理が働くので，弱い電場により運動量を変えることができるのは E_F 近傍の電子だけである. また，E_F 近傍では，バンドエネルギー $E_n(\boldsymbol{k})$ は上記のような $\boldsymbol{k}^2$ 依存性を示すとは限らない. 金属中の電流密度は，より一般的な，電子の拡散方程式から得られる. 局所的な電子密度を $n(\boldsymbol{r})$ として，拡散運動する電子の電流密度 $\boldsymbol{j}$ は，

$$\boldsymbol{j} = -eD(E_F)\boldsymbol{\nabla} n(\boldsymbol{r}) \tag{4.13}$$

で与えられる[4]. D は E_F 近傍の電子の拡散係数で，そこでの電子の速度 $\boldsymbol{v}_F$(フェルミ速度)と散乱時間 τ の関数である(自由電子に近い運動をするときには $D = v_F^2 \tau / 3$ となる).

$$\boldsymbol{\nabla} n(\boldsymbol{r}) = \frac{\partial n}{\partial E}E_F \frac{\partial E}{\partial \boldsymbol{r}} \tag{4.14}$$

と分解したとき，$(\partial n / \partial E)E_F$ はフェルミ準位の状態密度 $N(E_F)$(単位エネルギー幅にあるエネルギー準位数)である. 電場がかかっているので，場所 $\boldsymbol{r}$ によって電位が変化する. そのため $\boldsymbol{r}$ という場所でのバンドは電位差に対応するポテンシャルエネルギー分 $e\boldsymbol{E}\cdot\boldsymbol{r}$ 全体にシフトする. したがって，$\partial E / \partial \boldsymbol{r} = -\partial(e\boldsymbol{E}\cdot\boldsymbol{r})/\partial \boldsymbol{r} = -e\boldsymbol{E}$ となり，電流密度は

$$\boldsymbol{j} = -eD(E_F)\boldsymbol{\nabla} n(\boldsymbol{r}) = e^2 D(E_F) N(E_F) \boldsymbol{E} \tag{4.15}$$

電気伝導度

$$\sigma = e^2 D(E_F) N(E_F) \tag{4.16}$$

という形になる. これは，より一般的な表式(アインシュタイン(Einstein)の式ともいう)で，E_F がバンドの端にある場合はドルーデの式になる.

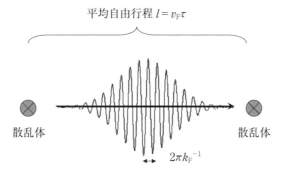

図 4-9 電子がブロッホ波束として振舞えるのは，その波長 ($2\pi k_F^{-1}$) に比べ平均自由行程 l が長いときである ($k_F l > 2\pi$).

l が充分長くなければならない．電子をブロッホ波，あるいはブロッホ波束として記述できるためには，$k_F l > 2\pi$ という条件がつく．k_F はフェルミ波数と呼ばれるフェルミ準位の電子の波数(結晶運動量の大きさ)である．$2\pi/k_F$ はブロッホ波の波長であり，l がこの波長より充分長ければ電子をブロッホ波束として記述できるのである (**図 4-9**)．すなわち，不完全結晶においても，不純物等による散乱が強くなければ，電子をブロッホ波動関数で記述することが正当化できることになる．逆に，散乱が非常に強く，$k_F l > 2\pi$ が満たされなくなると，上記のような描像が破綻することになる．

4.4 電子は何に散乱されるのか

第3章のバンド理論は固体電子の基底状態 ($T = 0$ K) を扱ったものである．また，ここまでの話も，すべて絶対零度を含む低温での電気伝導の議論である．電子，正確には，電荷キャリアの運動を妨げ，結晶運動量を変化させるのは，結晶中にある不純物や格子欠陥である．微小な固体試料や半導体接合界面に形成される2次元金属では，表面の凹凸も電子を散乱する．これらの散乱体は，電子の運動量を変化させるが，そのエネルギーは変化させない．このような散乱は弾性散乱と呼ばれる．

第7章でも議論するが，$T = 0$ K で電子の結晶運動量 $\boldsymbol{k}$ が $\boldsymbol{k}'$ に変化する弾

性散乱を考えるとき，パウリの原理の制約を考えなければならない．運動量 $\boldsymbol{k}$ に対応するエネルギー準位 $E_n(\boldsymbol{k})$ に電子がいるということは，$E_n(\boldsymbol{k})$ がフェルミ準位 E_F の下にあるということであり，散乱後に移る準位，$E_n(\boldsymbol{k}')$ は E_F の上のあいた準位でなければならない．弾性散乱の際，電子のエネルギーは変化しないので，この散乱は実際には起こらない．

弾性散乱が起こるのは，電子が運動量 $\boldsymbol{k}$ の確定したブロッホ波ではなくブロッホ波束だからである．ブロッホ電子は，不純物ポテンシャルという外場に反応することですでにブロッホ波束になっているのである．この場合の波束は，フェルミエネルギー E_F に対応する $k_F(E_n(k_F)=E_F)$ を中心に，非占有状態をも含む $k_F \pm \Delta k$ の範囲の k をもつブロッホ波の重ね合わせで形成される（$E_n(\boldsymbol{k}_F)=E_F$ で定義される運動量空間の等エネルギー面をフェルミ面という．フェルミ面が球形のときは，すべての $\boldsymbol{k}_F$ は $|\boldsymbol{k}_F|=k_F$ であるが，一般には，フェルミ面上の場所によって k_F は異なる）．Δk を決めているのは散乱の強さである．散乱が弱い場合は，電子は k という運動量状態を長時間保持できるので，k_F の極く近くの運動量しか波束の形成に関与しない．したがって，波束の拡がり Δr は平均自由行程 $\sim l$ 程度と考えれば，不確定性関係 $\Delta r \Delta k \sim 1$ から，$\Delta k \sim 1/l$ と見積もられる．フェルミ準位上下の非占有，占有準位を巻

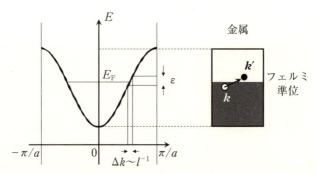

図 4-10 運動量を変化させる不純物散乱により，電子は，フェルミ波数 k_F を中心に $\Delta k \sim l^{-1}$ の範囲の波数をもつ波の重ね合わせで波束を形成する．その範囲には，電子に占有されている準位（フェルミ準位の下）と非占有の準位（フェルミ準位の上）が含まれる．

4.4 電子は何に散乱されるのか

き込んでいるのでパウリの原理の制約を免れる(図 4-10).

弾性散乱下での電子の運動量持続時間を τ_0 とする. τ_0 により生じる電気抵抗は残留抵抗と呼ばれる ($\rho_0 = m/ne^2\tau_0$). 金属の $T=0$ K の電気抵抗はこの残留抵抗で決まる. 温度が上昇しても, 次に述べる非弾性散乱が効いてくるまでの低温域では, 電気抵抗は温度依存性のない残留抵抗のままである(残留抵抗領域と呼ばれる, 図 4-11).

固体の温度が高くなると, 新たな散乱が効いてくる. 通常の金属では格子振動(固体を構成する原子の熱振動)が電子を散乱する. 熱振動によって固体中の原子の位置が $T=0$ K の結晶格子の点から不規則にずれるため, 結晶の周期性が乱され, 電子は一定の $\boldsymbol{k}$ の状態を持続できなくなる. 格子振動は波動として固体中を伝播する(音波). 電磁波が量子化により光子(フォトン)という粒子として振舞うように, 格子振動も量子化され, 粒子(フォノン)として扱うことができる. フォノンは電子を散乱し, その運動量を変えるとともに, 温度が有限なので, 電子とのエネルギーのやり取りも行う. このような散乱を非弾性散乱という. この散乱過程の頻度, すなわち散乱時間(電子の寿命)の逆数 $1/\tau_{\mathrm{ph}}$ は, 温度 T が上昇し, 熱振動が激しくなるにつれて高くなる. 通常の金

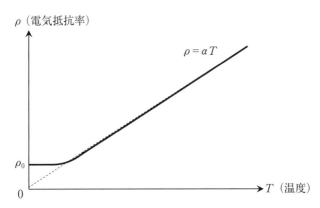

図 4-11 典型的な金属の電気抵抗率の温度依存性. 低温では不純物や格子欠陥による弾性散乱(残留抵抗)が電気抵抗率を支配する. 高温では励起されたフォノン(熱振動)による散乱が支配的になり, 通常, 温度 T に比例して電気抵抗率が増大する.

属での$1/\tau_{\rm ph}$は，低温でT^5に，高温でTに比例して大きくなることが知られている．デバイ温度$\Theta_{\rm D}$がその目安となり$T>\Theta_{\rm D}$で$1/\tau_{\rm ph}\sim T$となる．$\Theta_{\rm D}$は問題の金属のフォノンのエネルギーに依存する温度スケールで，通常は100-200 K程度である．金属の電気抵抗が高温で温度Tに比例して増大するのは電子-フォノン散乱のためである．

通常の金属では，あまり表に出ることはないが，有限温度では電子-フォノン散乱とは別の非弾性散乱が働き始める．それは電子同志の散乱である(電子-電子散乱，電子間にクーロン相互作用が働けば，必然的に，電子が電荷キャリアであると同時に，それ自身が他の電子の散乱体となる)．電子-電子散乱においては，異なった$\boldsymbol{k}$をもった2つの電子の間に運動量のやり取りが行われるのであるが，運動量変化はエネルギーのやり取りを伴う．その意味で非弾性散乱となるのである．第3章のバンド理論の予測する金属状態は電子間の相互作用が無視できることを前提としていた．第7章で議論するが，無視できることの根拠の1つは，$T=0$ Kでは電子-電子散乱が起こらないということにある．フェルミ準位を境に電子に完全占有された準位と空の準位が明確に分かれていて，パウリ原理が電子間のエネルギーのやり取りを許さないのである．ところが，有限温度では，フェルミ準位$E_{\rm F}$の下の電子が熱エネルギー($\sim k_{\rm B}T$)をもらって$E_{\rm F}$の上に励起されるため，準位に空きができる．このあきを利用して，電子-電子非弾性散乱が可能になるのである．電子-電子散乱の頻度$1/\tau_\varphi$は温度の二乗T^2に比例する(第7章参照)．

これらの異なった散乱が電子の寿命τを決めている．低温では非弾性散乱が抑えられるため，寿命は主として弾性散乱τ_0が支配している．一方，高温ではフォノンによる散乱τ_εが支配的になる．このことから，各種の散乱過程が競合しているときτは次の形で表されると考えられている(マチーセン(Mattheissen)則[5])，

$$\frac{1}{\tau}=\frac{1}{\tau_0}+\frac{1}{\tau_\varphi}+\frac{1}{\tau_{\rm ph}} \tag{4.17}$$

弾性散乱についても，異なった不純物，格子欠陥が共存し，それぞれ異なった散乱頻度$1/\tau_0^i$で寄与するとき，$1/\tau_0$も同様に，各過程の和になるであろう，

4.4 電子は何に散乱されるのか

$$\frac{1}{\tau_0} = \sum_i \frac{1}{\tau_0^i} \tag{4.18}$$

ドルーデの電気伝導度は，$\sigma = ne^2\tau/m^*$ で表される．その逆数である電気抵抗率 ρ は，したがって，

$$\rho = \frac{m}{ne^2}\frac{1}{\tau}. \tag{4.19}$$

式 (4.17)，(4.18) のように電気抵抗を決めている $1/\tau$ はさまざまな散乱過程の和である．すなわち，電気抵抗体としての固体は，各散乱過程がつくり出す電気抵抗率の直列回路と見ることができる．したがって，さまざまな散乱過程のうち最も短い散乱時間スケールをもつ散乱 (最も頻度の高い散乱) が固体の $1/\tau$，すなわち電気抵抗を支配することになる．

低温では非弾性散乱が起こりにくくなり，一般に，$\tau_0 < \tau_\varphi < \tau_{\mathrm{ph}}$ となる．弾性散乱時間 τ_0 が電気抵抗を支配し，残留抵抗と呼ばれる，温度依存性のない電気抵抗が観測される．一方，高温では，非弾性散乱，τ_{ph} あるいは τ_φ が弾性散乱 τ_0 より短くなり，電気抵抗は T あるいは T^2 に比例して増大する．多くの金属で，このような電気抵抗の温度変化が観測される．逆にいえば，このような電気抵抗の温度変化が観測される固体は $k_F l > 2\pi$ という条件が満たされている良い金属であり，電流は，ブロッホ波 (束) で記述できる「自由」な電子の拡散運動により運ばれているという証拠になるのである．第 7 章で見るように，$k_F l < 2\pi$ となるような金属 (導体) では，低温で電気抵抗が増大したり，高温で電気抵抗が増大を止めて飽和するというような特異な電気伝導を示す．

水銀は何故金属なのか

電気伝導は固体，特に金属に特有な現象である．では，気体や液体は電気伝導を示すであろうか？ 水銀 (Hg) が常温・常圧下で液体であるのに金属と分類されるのは何故なのか？ 気体や液体でも多少の電気伝導性を示すことがある．$1\,\mathrm{cm}^{-3}$ 当たり 10^{10}-10^{12} 程度のわずかな数の電離したイオンや電子が電流を運ぶのであって，固体金属のように膨大な数の電子が運ぶ「巨大」な電流とは比べようもない．水銀は，確かに，硬さをもたない流動性のある金属である．しかし，水銀は比重の大きな (∼13.5) 物質として知られているように，水

銀原子の密度は典型的な固体に匹敵するほど高い．それは，局所的に見れば，水銀原子が金属結合で規則的に配列しているからである．

　水銀の本質は固体で，それゆえに多くの電流を運ぶことができるが，結晶乱れの非常に大きな固体と見ることができる．実際，水銀の電気抵抗率の値や温度依存性は，結晶乱れなどにより強く散乱された電子をもつ金属に近い．金属結合が他の金属に比べ弱く，長距離にわたって原子が配列することができない状態と考えられる．トポロジカル欠陥としての転位を多く含むため，硬さを失い，多少の流動性を示すとも考えてよい．アモルファス(非晶質)金属，あるいは金属ガラスと呼ばれる物質の電気伝導も同様に理解できる*7．

　水銀が常温・常圧で液体(水銀固体の融点は -39 ℃)であるのは原子番号が80と大きく，第6章で述べる特殊相対論効果が強くなるため，金属結合が弱くなると考えられている．水銀原子の外殻軌道電子配置は $(5d)^{10}(6s)^2$ である．$6s$ 価電子軌道電子の質量は強い相対論効果(光速に近い速さで運動する電子の質量が増大する効果．特に，原子核近くに比較的大きな存在確率をもつ s 軌道電子に顕著に効く)により増大する．質量が重くなると原子核の束縛をより強く受け，$6s$ 軌道の波動関数が収縮するとともに $6s$ 軌道と $6p$ 軌道との分裂が大きくなり $6s$ 軌道は孤立する．その結果，いわば，ヘリウムやネオンなどの希ガス元素のように電子が占有するすべての軌道が閉殻構造に近い状況になる．このため，隣接する水銀原子の $6s$ 軌道波動関数との重なりが小さくなり金属結合が弱くなるのである．

　周期表で水銀の左隣りにある金(Au)では $(5d)^{10}(6s)^1$ と $6s$ 軌道が半占有なので，$6s$ 軌道電子は比較的容易に Au 原子から離れ結晶中を遍歴することができる．これが水銀に比べ金の金属結合を強くする要因である(金の融点は1064℃)．同様に，右隣のタリウム (Tl: $(6s)^2(6p)^1$) では $6p$ 軌道の不完全占有の電子が遍歴性を担うため，水銀に比べ強い金属結合が復活する．この状況は

---

*7　我々の身近なガラスは硬さをもち，一見すると固体であるが，本質は，水銀のように流動性をもつ物質状態である．ただし，流動性の時間スケールが極端に長く(宇宙の時間スケールと推定されている)，日常的な時間スケールでは流動性が観測されない．

さらに右隣りの鉛(Pb)やビスマス(Bi)でも変わらない.

参考文献

特に固体の電気伝導の記述が詳しい固体物理学の教科書として,
[1] J. M. Ziman, "Principles of the Theory of Solids", Cambridge University Press (1972).

近年,ブロッホ振動は半導体の超格子で観測されている.例えば,
[2] J. Feldmann, K. Leo, J. Shah, D. A. B. Miller, J. E. Cunningham, T. Meier, G. von Plessen, A. Schulze, P. Thomas, and S. Schmitt-Rink, Phys. Rev. B **46**, 7252(1992).

対称性の破れとその帰結については,
[3] P. M. Chaikin and T. C. Lubensky, "Principles of condensed matter physics", Cambridge University Press(1995).

電気伝導の理論を詳しく記述した参考書は,
[4] 阿部龍蔵,「電気伝導」,培風館(1969).

第5章

さまざまな電子輸送現象

5.1 ホール効果

　金属あるいはドーピングされた半導体に一様な静磁場 B を電流方向に垂直にかけたとき,電気伝導がどうなるかを考える.ブロッホ波束の運動は,電場がかけられたときと同様,古典的な荷電粒子の運動方程式に似た方程式で記述できる.

$$\hbar \frac{d\boldsymbol{k}}{dt} = \frac{q}{\hbar}(\nabla_k E_n(\boldsymbol{k})) \times \boldsymbol{B} \tag{5.1}$$

電子と正孔を同等に扱うため,電荷を q で表した.$\hbar\boldsymbol{k}$ が運動量 $\boldsymbol{p}$,$\nabla_k E_n(\boldsymbol{k})/\hbar$ が速度 $\boldsymbol{v}$ に対応すると考えれば,磁場からローレンツ力,$\boldsymbol{F}_L = q\boldsymbol{v} \times \boldsymbol{B}$ を受けているときの古典的荷電粒子の運動方程式 $d\boldsymbol{p}/dt = q\boldsymbol{v} \times \boldsymbol{B}$ と同じであることがわかる.

　古典力学の世界では,ローレンツ力は荷電粒子に仕事をしない(ローレンツ力を受けても荷電粒子のエネルギーは変化しない)ことが知られている.ローレンツ力は粒子の運動方向に垂直にはたらくからである.$\boldsymbol{F}_L \cdot \boldsymbol{v} = (q\boldsymbol{v} \times \boldsymbol{B}) \cdot \boldsymbol{v} = 0$.ブロッホ波束の群速度 $\boldsymbol{V}$ は,$\boldsymbol{V} = (1/\hbar)dE_n(\boldsymbol{k})/d\boldsymbol{k}$ で与えられることを思い起こせば,固体中の電子の磁場下の運動についても同様のことがいえそうである.それを検証するために,磁場の下でブロッホ電子のエネルギー準位 $E_n(\boldsymbol{k})$ がどう時間変化するか,$dE_n(\boldsymbol{k})/dt$ を調べてみよう.

$$\frac{dE_n(\boldsymbol{k})}{dt} = \frac{d\boldsymbol{k}}{dt} \cdot \frac{dE_n(\boldsymbol{k})}{d\boldsymbol{k}} = \frac{d\boldsymbol{k}}{dt} \cdot \nabla_k E_n(\boldsymbol{k}) \tag{5.2}$$

$(d\boldsymbol{k}/dt)$ は上の運動方程式(5.1)で与えられ,$(\nabla_k E_n(\boldsymbol{k})) \times \boldsymbol{B}$ という形をもつので

$$\frac{dE_n(\bm{k})}{dt}=0 \tag{5.3}$$

となる．ブロッホ電子波束は，ローレンツ力により結晶運動量 $\bm{k}$ は変えるが，そのバンドエネルギー E_n を変えることがない．1つのバンドで共通の E_n をもつ異なった $\bm{k}$ の間を遷移していくのである．

以下に議論するホール効果は，一様かつ時間変化しない磁場を金属あるいは半導体に印加したときに観測される電子輸送現象である．電子は $E_n(\bm{k}) = $ 一定の $\bm{k}$ 空間における等エネルギー面上を動くことになる(図 5-1)．低温での電気伝導を担うのはフェルミ準位近傍の電子なので，$E_n(\bm{k}) = $ 一定の一定値は，バンドの底から測ったフェルミ準位までのエネルギー，フェルミエネルギー E_F としてよい．$E_n(\bm{k}) = E_F$ の等エネルギー面をフェルミ面といい，その形状，大きさが金属の電気伝導をはじめ，多くの物性を決める主要因子となっている．

ここで重要なことは，上記のブロッホ波束の運動方程式は，一見古典荷電粒子の運動方程式に似ているが，1) $E_n(\bm{k})$ は一般に，単純な $\bm{k}^2$ 依存性をもつわけではない，2) 運動量 $\bm{k}$ は結晶運動量で，第1ブリュアン帯内の値のみが意味のある運動量である，という古典粒子との違いである．すでに述べたように，電場に加速され電子が大きな運動量をもち，第1ブリュアン帯の境界に到達すると逆格子ベクトルに相当する運動量を結晶格子に放出する．電場等の外

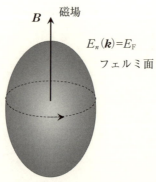

図 5-1 金属中の伝導電子(正孔)は，磁場下でフェルミ面上を，磁場に垂直な方向に，(回転)運動する．

場の下でのブロッホ電子の運動を考える際には，このようなプロセスも考慮しなければならない．しかし，幸いにも，電場により電子が加速されても，不純物や格子欠陥による散乱が，このようなプロセス(ブロッホ振動)が起こるのを妨げてくれる．同様に，磁場下でも，上に見たように，電子の運動はフェルミ面上に限定され(図5-1)，通常はブリュアン帯境界に届くことはない．このような事情から，電子輸送現象を考える際，荷電粒子の古典描像で我々の理解は間に合うのである．

金属の場合は，上記1)の複雑さが顔を出すことがある．電荷キャリアが電子とも正孔とも判別できない場合や，電子輸送現象が，単純な荷電粒子描像ではなく，$E_n(\boldsymbol{k})$の$\boldsymbol{k}$依存性，フェルミ面の形状を考慮しなければ理解できないことも少なくない(フェルミ面がブリュアン帯境界を横切ることもある)．古典描像が非常によく当てはまるのは，第3章で述べたN型またはP型半導体である．フェルミ準位が，それぞれ，バンドの底またはバンドの頂点近くに位置しているので，$E_n(\boldsymbol{k})$は，

$$E_n(\boldsymbol{k}) \sim E^l + \frac{\hbar^2 \boldsymbol{k}^2}{2m_{\mathrm{e}}^*} \quad \text{または} \quad E_n(\boldsymbol{k}) \sim E^u - \frac{\hbar^2 \boldsymbol{k}^2}{2m_{\mathrm{h}}^*} \tag{5.4}$$

と近似できる．したがって，電子または正孔は，それぞれm_{e}^*またはm_{h}^*という有効質量をもった古典粒子のように振舞う．ホール効果を説明するとき，このような不純物半導体を例にとるとわかりやすい．わかりやすいがゆえに，ホール効果測定から不純物半導体の電子状態についての有用な情報が得られるのである．

N型またはP型の不純物半導体の扁平な直方体形の試料に対して，x方向に一定の電流を流し，これに垂直なz方向に一様な定常磁場をかける(図5-2)．このとき電流を運ぶ電荷キャリアは磁場によるローレンツ力を受けてy方向に曲がろうとする．そのため，試料の側面(xz面)にキャリアが溜まり，電流と磁場の両方に直交する方向に電場(ホール(Hall)電場)が生ずる結果，両側面間に電圧が発生する．これがホール効果である．

少し具体化すると，x方向に電流を流しながらz方向に磁場を加えると，磁場中を動くキャリアはローレンツ力を受ける．電荷q，速度$\boldsymbol{v}$のキャリアが受けるローレンツ力$\boldsymbol{F}_{\mathrm{L}}$は$\boldsymbol{F}_{\mathrm{L}} = q(\boldsymbol{v} \times \boldsymbol{B})$である．不純物半導体中には，金属中

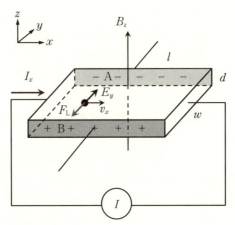

図 5-2 ホール効果の原理と測定法の模式図．電流と磁場，両者に垂直な向きにホール電場 ($E_y = E_H$) が発生する．

よりは少ないものの多数のキャリアが存在する．各キャリアはブロッホ波束として，その運動量 k に対応する速度 $V_k = (1/\hbar)\mathrm{d}E_n(k)/\mathrm{d}k$ で運動する．半導体中のキャリアはエネルギーバンドの極大点あるいは極小点の近くの運動量をもつので，キャリアの有効質量を一定の m^* としてよい．したがって，各キャリアの速度は $V_k = (1/\hbar)\mathrm{d}E_n(k)/\mathrm{d}k = \hbar k/m^*$ である．

現実には，キャリアはその供給源である不純物，さらには格子欠陥により散乱されつつ x 方向にドリフト(拡散)していくので，キャリアは平均して一定のドリフト速度 $\langle v_x \rangle$ で x 方向に進んでいると考えてよい．$\langle v_x \rangle$ の速さで x 方向にドリフトするキャリアは平均して y 方向に $\langle F_L \rangle = -q\langle v_x \rangle B_z$ というローレンツ力を受けている．正孔が多数キャリアである場合(P型半導体)，面 B に正孔が溜まり，正に帯電する．反対側の面 A は正孔不足となり負に帯電する(電子が多数キャリアである場合(N型半導体)は，面 B に電子が溜まり，負に帯電する．逆に面 A は電子不足となり正に帯電する)．

その結果，B から A に向かう y 方向に電場 E_y が発生する．この電場 E_y がホール電場である．もし正孔が B 面に溜まり続けたらホール電場 E_y は増大し続けるであろう．これは，逆に，x 方向へ電流を運ぶキャリアが減ることを意

5.1 ホール効果

味する.実際には,電流源からキャリアが供給され,常に一定の電流が流れるよう実験が設定されているので,キャリアがホール電場から受ける力 qE_y とローレンツ力 $\langle F_L \rangle$ とが打ち消し合い,定常的な状態が実現する.この定常状態では

$$\langle F_L \rangle + qE_y = -q\langle v_x \rangle B_z + qE_y = 0 \tag{5.5}$$

を満たすホール電場 E_y が発生している.この電場により試料の両側面,A 面と B 面の間にホール電圧と呼ばれる電位差 V_H が生じる.

キャリアが一種類の場合,x 方向の電流密度 j_x は,n をキャリア密度とすると $j_x = nq\langle v_x \rangle$ と書ける.式(5.5)の $q\langle v_x \rangle$ を電流密度 j_x で表すと

$$-\frac{j_x B_z}{n} + qE_y = 0 \tag{5.6}$$

ホール電場は $E_y = j_x B_z / nq$ となる.図 5-3 に示すように,キャリアが正孔の場合は $q = e$ なので,ホール電場は正で y 軸に向いており,電子の場合は $q = -e$ で電場は負で逆向きになる(電気伝導度に対しては,電子と正孔は和として寄与するが,ホール効果へは互いに打ち消す方向に働く).j_x と B_z は試料に流す電流と外からかける磁場の強さで,実験条件のパラメーターである.単位電流密度,単位磁場当たりのホール電場としてホール係数 R_H が定義される

$$R_H = \frac{E_y}{j_x B_z} \tag{5.7}$$

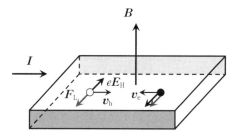

図 5-3 電子と正孔が共存する場合のホール効果.正孔がつくり出すホール電場は,電子のホール電場の逆を向いている.

ホール係数は，したがって，物質の電子状態を特徴づけるパラメーターとなる．P型あるいはN型半導体の場合は $R_\mathrm{H} = 1/nq$ なので，ホール係数を測定することにより，キャリアの種類(電子の場合は負，正孔の場合は正)と密度が決定できる．

実際のホール係数は，試料の x 方向に電流 I を流し，z 方向に磁場 B をかけたとき，試料の y 方向両側面に生ずるホール電圧を測定して決められる．試料の厚さを d，幅を w とすれば $I = j_x wd$ である．ホール電圧 V_H は

$$V_\mathrm{H} = E_y d = R_\mathrm{H} j_x B_z d = R_\mathrm{H} \frac{I}{wd} Bd = \frac{R_\mathrm{H} IB}{w} \tag{5.8}$$

となるので，V_H から $R_\mathrm{H} = V_\mathrm{H} w/IB$ を計算するのである．

電子あるいは正孔の1種類のキャリアが電気伝導を担う場合，電気伝導度 σ はドルーデの式 $\sigma = nq^2\tau/m^*$ で表される．ホール係数 $R_\mathrm{H} = 1/nq$ と組み合わせると，

$$R_\mathrm{H} \sigma = \frac{q\tau}{m^*} \tag{5.9}$$

からキャリアの散乱時間 τ を見積もることができる．電気伝導度 σ とホール係数 R_H の積 $\mu_\mathrm{H} = |R_\mathrm{H}|\sigma$ をホール易動度/移動度(Hall mobility)と呼ぶ．μ_H は，特に半導体では，キャリアの動きやすさ，電場等外場に対する応答の速さの目安になる量として広く使われている．散乱が弱い場合 τ は長くなり，さらに，固体中での電子の運動の慣性を表す有効質量 m^* が小さければ μ_H は大きくなる．

エネルギーギャップの小さい半導体では m^* が電子の静止質量 m_0 の10分の1以下になることもある．慣用的に，電気伝導度 σ やホール係数 R_H をそれぞれ $[\Omega^{-1}\mathrm{cm}^{-1}]$，$[\mathrm{cm}^{-3}\mathrm{C}^{-1}]$ という単位で表すが，ホール易動度 μ_H もそれに対応して $[\mathrm{cm}^2/\mathrm{V}\cdot\mathrm{s}]$ という単位での数値を目安とすることが多い．不純物半導体の場合は，室温で $\mu_\mathrm{H} \sim 100\,\mathrm{cm}^2/\mathrm{V}\cdot\mathrm{s}$，低温では $\sim 10^4\,\mathrm{cm}^2/\mathrm{V}\cdot\mathrm{s}$ となるのが標準的である．次章で述べるような極端にエネルギーギャップの小さな半導体 InSb や HgTe では m^* が m_0 の100分の1であり，ホール易動度 μ_H は低温で 10^5 から 10^6 にもなる．GaAs 系半導体のヘテロ接合や超格子界面でも，電子の伝導面とドーピング不純物の多い層が空間的に分離されており，τ が非

常に長くなってホール易動度 μ_H がやはり数十万から百万に達する．この大きなキャリア易動度のために半導体が電子デバイスとして使われているのである．

ホール効果は半導体ホール素子として磁場の検出のほか，半導体の電気的特性の測定に応用される．ホール電圧の符号と大きさから半導体のキャリアが電子か正孔か，そしてそのキャリア密度を決定することができる．金属は半導体に比べキャリア密度が大きく，ホール電圧が微小な値となるため，ホール効果測定から電荷キャリアについての情報を得るのは半導体ほど簡単ではない．

しかしながら，強磁性金属など磁化を帯びた物質中では，この磁化に起因するホール電圧が生じることもある．このような強磁性体の磁化に起因するホール効果を特に異常ホール効果と呼ぶ．また原子番号 Z の大きな元素からなる半導体や金属では，強いスピン・軌道相互作用のために，それぞれ逆向きのスピンを有するキャリアが逆方向へと散乱されるスピンホール効果も近年注目を集めている[1]．

強磁場下の量子化—ランダウ準位

磁場 B が強いときは，ローレンツ力により電子は回転し閉軌道を描くので，エネルギーが $\hbar\omega_c = \hbar eB/m^*$ 単位の量子化を受ける．ω_c はサイクロトロン周波数で，量子化されたエネルギー準位はランダウ(Landau)準位と呼ばれる．バンド端近くで，$E_n(\boldsymbol{k}) = \hbar^2 \boldsymbol{k}^2/2m^*$ と近似できるときには，ランダウ準位は，ν を整数として，

$$\mathcal{E}_\nu = \left(\nu + \frac{1}{2}\right)\hbar\omega_c \tag{5.10}$$

等間隔に並ぶ．各ランダウ準位は，その近くの $\hbar\omega_c$ のエネルギー幅にあるバンドのエネルギー準位を集約したものであり，磁場の強さに比例する大きな縮重度をもっている(図 5-4)．

この量子化はブロッホ波束が閉軌道を描く(磁場に垂直な)面内の運動に対してのみなされるものである．面に垂直な方向(磁場に平行方向 $-z$ 方向)の運動は量子化されないので，正確には

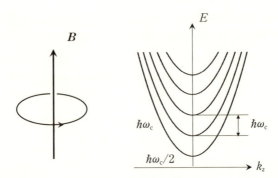

図 5-4 固体中の電子のエネルギーバンドは，磁場の下で，ランダウ準位に量子化される．分裂の大きさは，1 テスラ(T)の磁に対して 1 meV 程度になるので，バンドを構成している準位の間隔に比べはるかに大きい．量子化されるのは磁場に垂直方向の運動で，磁場方向(z方向)の運動は影響を受けない．

$$\mathcal{E}_\nu(k_z) = \left(\nu + \frac{1}{2}\right)\hbar\omega_c + \frac{\hbar^2 k_z^2}{2m^*} \tag{5.11}$$

と書ける．半導体界面に形成されるような 2 次元電子系に垂直な方向に磁場をかけた場合は，電子は z 方向に運動できないため k_z の項が消え，完全な量子化が起こる．

エネルギーバンドがランダウ準位に量子化される効果は，帯磁率 χ_m ($\boldsymbol{M} = \chi_m \boldsymbol{H}$) や電気抵抗に現れる．帯磁率はランダウ反磁性と呼ばれる弱い反磁性 ($\chi_m < 0$) を示す．電気抵抗には，磁場の関数として，振動が現れる．この振動は，それぞれ，ドハース-ファンアルフェン(de Haas-van Alphen)振動，シュブニコフ-ドハース(Shubunikov-de Haas)振動と呼ばれている．

量子ホール効果

量子ホール効果，正確には，整数量子ホール効果は，電荷キャリアが磁場下で示すホール効果に関係した現象である．すでに述べたように，2 次元電子系は強磁場下でランダウ準位に完全量子化される．この状況で，ホール抵抗 ρ_H と呼ばれるホール電圧 V_H と電流 I との比，$\rho_H = V_H/I (= R_H B)$，が磁場に比

5.1 ホール効果

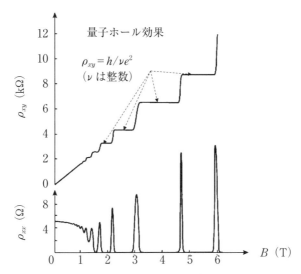

図 5-5 2次元電子系で観測される量子ホール効果[2]．ホール抵抗 (ρ_{xy}) および，電流方向の抵抗(縦抵抗，ρ_{xx}) を磁場の関数として示す．ρ_{xy} の平坦部が，驚くべき精確さで，h/e^2 を整数で割った値になっている．また，ρ_{xy} が平坦となる磁場領域では ρ_{xx} がゼロになる．

例するのではなく，磁場に対して階段状の増加を示す(**図 5-5**)[2]．この階段の平坦部は h/e^2 を整数 i で割った値になる．これが整数量子ホール効果である．このとき電流方向には電圧が生じないので，見かけ上の電気抵抗はゼロになる．すなわち，量子ホール効果状態では電流と電場が完全に直交しているのである．

ホール抵抗の量子化は，エネルギーバンドのランダウ準位への量子化と第7章で述べる不純物等の弾性散乱による2次元電子系の「際どい局在」と併せて起こる現象である．量子化の単位は h/e^2 であり，量子ホール効果は物質の種類，キャリア密度などの物質パラメーターに依存することなく，2次元電子系に普遍な現象である[3]．このため量子ホール抵抗は電気抵抗標準として採用されている．

5.2 固体のサイズを小さくしたとき電気伝導はどうなるか：メゾスコピック系の電気伝導[4]

これまでの電気伝導の議論は固体試料が充分な(マクロな)大きさをもつということが前提であった．具体的には，試料の(伝導方向の)サイズをLとしたとき，Lは弾性散乱および非弾性散乱の平均自由行程(それぞれ$l = v_F \tau_0$および$l_\varphi = v_F \tau_\varphi$)よりもはるかに長い($L \gg l, l_\varphi$)という条件になる．以下の話は低温での電気伝導現象に関係しているので，非弾性散乱として，電子-フォノン散乱よりも電子-電子散乱が問題になる($\tau_\varphi < \tau_{ph}$)．

メゾスコピック系というのは，サイズLが(1)非弾性散乱平均自由行程l_φより小さいか，(2)弾性散乱平均自由行程lより小さい固体のことをいう．(1)の場合，電子は不純物などから弾性散乱を受け拡散的に固体中をドリフトするが，(2)の場合は，電子は不純物などに散乱される前に結晶を通過する(バリスティック(弾道)伝導という)．それぞれに特徴的かつ特異的で，マクロな固体では見られない電子輸送現象が観測される．マクロな系の電気伝導では電気伝導度(σ)あるいはその逆数の電気抵抗率(ρ)が基本的な物理量であるが，メゾスコピック系の電気伝導においてはコンダクタンス$G = \sigma S/L$(Sは試料の断面積，Lは試料の長さ)が主役を演ずる[4]．

(1) メゾスコピック拡散伝導領域($l < L \lesssim l_\varphi$)

弾性散乱は電子の波動関数の位相を変化させない．位相を変えるのは非弾性散乱である．したがって，電子が平均的にl_φの距離を移動する間はその位相を(コヒーレンスを)保つことができる．$L \lesssim l_\varphi$のメゾスコピック系(典型的には$L \sim 0.5\ \mu m$程度のサブミクロンサイズ)での電子は，弾性散乱を受けながらもコヒーレント(可干渉)で，波動としての性格が強く表に出る．その結果，この領域での特異な電気伝導は電子波の干渉効果によって引き起こされる．第7章で取り上げる不純物等の結晶格子乱れによる電子の局在は干渉効果の1つの例である．

干渉効果によるメゾスコピック伝導の代表例は，メゾスコピックサイズの金属リングが示すアハラノフ-ボーム(Aharanov-Bohm)効果(AB効果)である

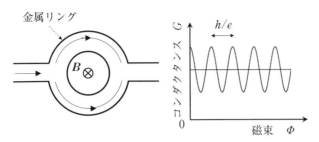

図 5-6　メゾスコピックサイズの金属リングが示すアハラノフ-ボーム (AB) 効果. リングのコンダクタンスがリングを貫く磁束に対して h/e の周期で変動する.

(図 5-6). 金属リングのコンダクタンスは, リングを貫く磁束 h/e で周期的に変動する現象である (ちなみに, 超伝導体のリングでは $h/2e$ の周期性が観測される (第 8 章, 8.4 節参照)).

（2） バリスティック伝導領域 ($L<l$) ―散乱されない電子の輸送

さらに固体のサイズを小さくして L が弾性散乱の平均自由行程 l よりも短くなると ($L\sim0.1\,\mu m$), 電子が不純物などに散乱されることなく固体試料の一方の端から他の端に移動するというバリスティック (弾道) 伝導が起こる (図 5-7(a)). この領域では, コンダクタンスの量子化やホール電圧の消失などが起こる. これらの伝導を理解するには, 拡散運動を記述するドルーデの式はもちろん使えない. バリスティック伝導のコンダクタンスはランダウアー (Landauer) の公式[5]

$$G = \frac{2e^2}{h}T \tag{5.12}$$

で表現する. T は電子が伝導経路を端から他の端まで移動する確率, 透過率である.

バリスティック伝導は電子が散乱されることなく, かつブロッホ振動を起こすことなく進むことができるということから, 超伝導のように電気抵抗 ($1/G$) がゼロ (G が無限大) かと思えるかもしれない. しかし実際は, ランダウアーの式で透過率 $T=1$ でも (試料がないのと同じ), コンダクタンスは有限になる. しかも, その値は普遍的な量子コンダクタンス $2e^2/h$ である. 量子コンダク

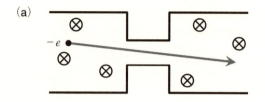

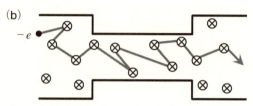

図 5-7 メゾスコピック伝導体における電子の(a)バリスティック伝導と(b)オーミック伝導の様子を示した模式図.

タンスは実際の実験でも観測されている[*1].

「試料物質」がなくても電気抵抗$(1/G)$が有限であるとは何を意味するのであろうか? 現在の解釈は,バリスティック伝導試料と電極あるいはリード線(外部電源とつながっている「電子溜」と考える)との接触によって生ずる接触抵抗とされている.

(3) トンネル伝導領域 ($L \ll l$)

メゾスコピック系の伝導領域(1),(2)では試料中に含まれる電子数はマクロな系と見なせる程度に大きいものである.さらに試料を小さくして,サイズが 0.01-0.1 μm (10-100 nm) の固体空間をつくると,その電子数は数個から数

[*1] 量子ホール抵抗も h/e^2 で量子化される.バリスティック伝導の量子コンダクタンス $2e^2/h$ は,試料の形状(細線の幅の不均一など),有限温度,混入している不純物,さらには,コンダクタンス測定のための電極やリード線の影響を受け,多少変動する.これに対して,量子ホール抵抗は,これらの影響を全く受けず,2次元電子系の試料の形状がトポロジーでいう単連結である限り,どのような状況でも変わらない値を示す(トポロジーにより保護されている現象と呼ばれる).これが,電気抵抗標準として使われる理由である.

5.2 固体のサイズを小さくしたとき電気伝導はどうなるか：メゾスコピック系の電気伝導

100個という少数電子系が実現する．こうなると，マクロには金属といえども，第7章で議論する電子の電荷の遮蔽効果や多数電子系でのパウリの原理からの制約に起因するフェルミ液体効果が働かなくなり，電子間相互作用が電子の伝導に決定的な影響を与える．その結果，個々の電子は他の電子と強い相関を保ちながら運動することになる．

このような系に電子を1個つけ加えたり，取り出したりしようとすると，有限のかなり大きなエネルギー（クーロンエネルギー）変化を系に強いることになる—系の帯電効果が無視できなくなる．また，結晶運動量が$2\pi/L$で量子化されることを思い起こせば，狭い空間に電子が閉じ込められていることによるエネルギー準位の量子化（離散化）も顕著になる．この意味で，系はクーロン島（金属の場合）とか量子ドット（半導体の場合）と呼ばれている（図5-8）．

クーロン島や量子ドットの伝導を観測したり，その量子機能をデバイスとして利用するためには，外部（測定回路）とのインターフェイスが必要である．マクロな系では，電極やリード線がその役割を果たしている．この場合は，高インピーダンスの系であるため，絶縁体の「ポテンシャル障壁」が用いられる．電子は島／ドットから外部へ，あるいは外部から島／ドットへ障壁をトンネルすることになる．

エレクトロニクスの歴史は真空管から始まった．真空管の基本的な原理は，真空中でフィラメントを加熱して熱電子を放出させ，その運動を電場でコントロールすることである．真空中で散乱されずに進む自由電子によって，いろいろな機能が実現されているのである．

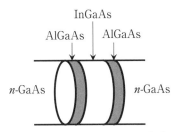

図5-8 GaAs系半導体ヘテロ接合をナノメートルサイズに微細加工してつくられる量子ドットと呼ばれるデバイス．

しかし，真空管は，消費電力が大きいこと，小型化が難しく，その信頼性があまり高くないことから，その後トランジスターに取って代わられることになった．トランジスターに使われている材料は半導体で，その性質を決めているのは，結晶中の「自由」ブロッホ電子(伝導電子)である．伝導電子は結晶中の不純物や格子欠陥などに散乱されながら進み，オームの法則に従う電気伝導を示す．

現在の半導体デバイスは微細加工技術の進展のおかげで，トランジスターはますます小さくなっている(集積回路，LSI，超 LSI などと呼ばれている)．さらに，電子の平均自由行程よりも結晶の方が小さくなるように(電子が不純物などに散乱される前に結晶内を通りすぎるように)半導体を加工することも技術的に可能になっている．

バリスティック伝導は特別な材料に限られた性質ではなく，ごく身近にある金属から有機分子まで幅広い材料で実現できるとされている．最近では，カーボンナノチューブがバリスティック伝導を示すこともわかっている．

バリスティック伝導を示す材料を用いれば，電子はソースからドレインまで散乱されることなく進み，スイッチング速度の速いトランジスターが実現できる．そこで，バリスティック導電性の細線に有機分子が付着すると，その電子散乱により電気抵抗が生じることから，分子レベルでの高感度センサーに応用しようという研究も行われている．

トンネル伝導領域では，電子は島/ドットという狭い空間に閉じ込められているので原子に局在した電子に近い状況が実現していて($\Delta x \sim 0$)，エネルギーバンドを形成するほど準位は密集しておらず，離散的なエネルギー準位が形成される．また，電子の移動に有限のクーロンエネルギーが必要(クーロンブロッケード効果と呼ばれる)なことから電子数のゆらぎは非常に起こりにくくなっている．そのため島/ドット内の現象には電子粒子性が強く表れる．量子ドットのコンダクタンスは，ゲート電圧を変えると周期的に変化する．その変化は，量子ドットの電子数1個の変化に対応する．すなわち，電子素子という観点からは電子を1個ずつ制御できていることがわかる．ある意味では，電子1個を制御する究極の電子素子(単一電子トランジスター)実現の可能性を示している．

5.3 熱電効果：ゼーベック係数

電子は電流の運び手であると同時に，有限温度では熱（エネルギー）の運び手でもある．電子によって運ばれる熱を熱流と呼ぶ．固体中の電荷キャリアは，固体試料の両端に温度差をつけた場合，熱い端にいる熱いキャリアは冷たい端のほうへ拡散する．同様に，冷たいキャリアは熱い端のほうへと拡散する．

両端がそれぞれ一定の温度に保たれていれば，キャリアは一定の割合で拡散する．もし熱いキャリアと冷たいキャリアとが等しいペースで拡散するならば，電荷の正味の移動はゼロである．しかし拡散する電荷は，固体中の不純物，欠陥，そして格子振動（フォノン）によって散乱を受けている．一般に散乱強度（時間）はキャリアのエネルギー（速度）に依存する．高温のキャリアは，熱浴（熱の供給源）から大きな運動エネルギーをもらうので，低温のキャリアより高速で運動するであろう．不純物等による散乱強度は，高速で動くキャリアほど弱くなる．したがって，温度の異なるキャリアは異なる割合で拡散することになる．このため一方の端でキャリアの密度が高くなり，それぞれプラスとマイナスに帯電した両端の間には電位差が生じる（図 5-9）．これがゼーベック効果である．

キャリアが一方向に拡散し続ければ，時間とともに両端の温度差は解消し，

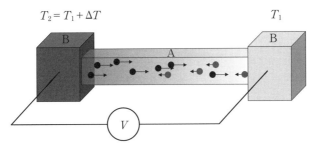

図 5-9　固体のゼーベック効果の原理と測定法．固体試料 A の両端を，温度の異なる熱浴 B に接触させ，温度勾配をつくる．高温部から低温部に向けて拡散する電子（正孔）により，A の両端に電圧が発生する．

熱平衡状態になるであろう．しかし，両端の温度差が一定になるように外部から熱を供給し続けたときは，不平等拡散により生ずる試料両端の電位差が一方向への拡散を妨げるように働く．その結果，温度差により一方向に拡散するキャリアの数と電位差を受けて逆方向へ移動するキャリアの数との間にバランスが生まれ平衡状態が実現する．このような平衡状態は，ローレンツ力とホール電場とのバランスで生じる磁場下でのホール効果と同様である．キャリアの拡散は，常に高温側から低温側へ向けて起こる．したがって，試料の両端に発生する電位差は，キャリアが電子の場合と正孔の場合とで符号が反対になる．ホール効果と同様，ゼーベック効果によってキャリアが電子（電荷が負）か正孔（電荷が正）かを判断することができる．

　上述のように，ゼーベック効果はキャリアの種類や密度により決まるだけではなく，キャリアの散乱機構を決める不純物や欠陥，構造の変化の影響を強く受ける．ゼーベック効果は多くの異なる効果からなる複雑な現象である．

　ゼーベック効果の測定は次のように行われる．固体試料 A の両端を温度がそれぞれ T_1 と T_2 の熱浴につけ温度差をつける．この両端に同じ種類の金属 B をつなぐ．金属 B は電圧端子として電圧計につながっている（図5-9）．このような回路について，ゼーベック効果により発生する電圧 V は，T_2 と T_1 との差が小さいとき，次の式から近似的に求められる．

$$V = (S_B - S_A)(T_2 - T_1) \tag{5.13}$$

S_A と S_B はそれぞれ固体 A，金属 B のゼーベック係数である[*2]．

　ホール係数の場合とは違って，ゼーベック効果の測定からわかるのは物質 A と B とのゼーベック係数の差である．固体試料 A のゼーベック係数を決めるには，金属 B のゼーベック係数が既知でなければならない．例えば，B として超伝導体を使うと固体 A のゼーベック係数 S_A の絶対値を決めることがで

[*2] 両端の温度差が小さい場合，$T_2 = T_1 + \Delta T$，そして端子間の電位差 ΔV とすると，ゼーベック係数は次のように定義される．

$$S_{AB} = S_B - S_A = \lim_{\Delta T \to 0} \frac{\Delta V}{\Delta T} \tag{5.14}$$

電場 E と温度勾配 ∇T を使って書き直すと，$S = (dV/dx)/|dT/dx| = E/|\nabla T|$．

5.3 熱電効果：ゼーベック係数

きる．超伝導状態のような秩序状態ではエントロピーがゼロである．ゼーベック効果は熱流，すなわちエントロピーの流れに付随するものなので，超伝導体では $S_B=0$ になるのである．

　ゼーベック効果を利用した温度センサーとしてよく使われるのは熱電対である．熱電対は異なったゼーベック係数をもつ2本の金属線の端を接続させてつくられる(図 5-10)．その接点を高温(低温)の物体に接触させるとゼーベック効果により低温側(高温側)の2本の金属線の端の間に電位差が生じる．この電位差から物体や発熱体の温度を測定できる．熱電対を使えば，温度差を直接測定したり，一方の温度を既知のものに定めることでもう一方の絶対温度を測定することができる．工業用として最も多く使用されているのはニッケル(Ni)とクロム(Cr)を主とする合金(クロメル)とニッケルを主とする合金(アルメル)でつくられたものである．クロメル・アルメル熱電対は -200°Cから1000°Cに至る非常に広い温度範囲で使用されている．

　近年，注目されているゼーベック効果の応用は熱-電気変換である．工場などから出る廃熱を電気エネルギーに変えたり，あるいは液化天然ガス等の冷熱を電気エネルギーに変換するシステムが考案・開発されている．このシステムは室温あるいはより高い温度での作動を考えているので，熱電変換材料は半導体が使われている[6], *3．

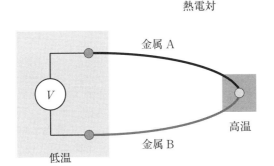

図 5-10　ゼーベック効果を利用した温度センサーとして広く使われている熱電対の原理．

5.4 熱伝導[7]

　熱伝導は，物質中を高温側から低温側へ熱が伝わる輸送現象の1つである．固体中の熱伝導は電気伝導と同様電子が重要な担い手であるが，原子の振動であるフォノンも熱を運ぶことができる．したがって，電気の絶縁体でも熱伝導現象が観測される．特に，熱のよい伝導体（良導体）である金属においては，

1. 伝導電子・電荷キャリアによるエネルギー伝達
2. 結晶格子を伝わる振動（フォノン）によるエネルギー伝達

の2つの機構があるものと考えられている．高い電気伝導率をもつ金属（電気の良導体）は熱の良導体でもある．電気の良導体である銀や銅といった金属では，熱伝導への電子による寄与の方が大きいので，フォノンが主要な熱伝導の担い手の半導体や絶縁体よりも熱伝導性が高い．しかし，非常に硬い炭素結晶であるダイアモンドや一層の炭素蜂の巣格子からなるグラフェンではフォノンによる熱伝導性の寄与が圧倒的に大きくなる．

　単位時間に単位面積を流れる熱流（熱流束密度）の大きさを，$J_Q(=\Delta Q/\Delta t\,A)$ [J/s m² = W/m²] とし，熱緩和時間より充分長い時間（定常状態と見なせる時間）での現象に対して，熱流束密度 J_Q は温度勾配 ∇T に比例する．すなわち

$$J_Q = -\kappa \nabla T \tag{5.15}$$

で表される．これはフーリエの法則といわれる．このときの比例係数 κ を熱伝

---

*3　ゼーベック効果は荷電粒子の拡散だけではなく，フォノンによっても起こる．フォノンはいつも局所的な熱平衡にあるわけではない．温度勾配があるとそれに追随するように運動する．その間に電子との相互作用，および格子欠陥の影響で運動量を失う．もしフォノン-電子相互作用が優勢ならば，フォノンは電子を物体の端から端まで押し動かしながら（フォノン・ドラッグ），その過程で運動量を失っていく．この過程はすでにある熱電場をさらに強めるように働く．フォノン・ドラッグの寄与はフォノン-電子散乱が顕著となる温度領域，$T \gtrsim \Theta_D/5$ で重要になる．Θ_D はデバイ温度である．より低温ではフォノン・ドラッグを担うフォノン自体が少なく，より高温では電子との相互作用よりも先にフォノン同士の相互作用で運動量を失ってしまう．

導度(thermal conductivity)という(通常 [W/K m]という単位が使われる).電気と熱の良導体として知られる金属の銀や銅の熱伝導度κは室温で 400 W/K·m 程度,伝導性の悪い金属のニッケルや鉄では 80〜90 W/K·m である.熱伝導にフォノンの寄与が大きい絶縁体は通常,一桁以上小さな熱伝導度を示す.しかし,強い共有結合をもつ,硬いダイアモンドやカーボンナノチューブ,グラフェンでは 1000 W/K·m を超える値が報告されている[8].

断面積 A の一様な金属線を電子がどのように熱を伝えるか考える(線はx方向に伸びているものとする).金属線の位置xでの温度をT,そこからわずかに離れた位置$x+\Delta x$では温度が$T+\Delta T$に上昇するとき,より多くの電子(正孔も同様)は高温部から低温部へと移動するであろう(図 5-11).温度$T+\Delta T$にいた電子が温度Tの位置に到達すると,その余分な熱エネルギー$c_e \Delta T$を放出する.c_eは電子1個当たりの比熱(電子を単位温度1Kだけ温めるのに必要な熱エネルギー)である.これが電子が金属中で熱を伝える基本的なプロセスである.

電子1個が,dT/dx の温度勾配の下,速度v_xでドリフトしたとき,Δt の時間に運ぶ熱エネルギーΔqは,$\Delta q = -c_e (dT/dx) v_x \Delta t$ である.電子が温度$(T+\Delta T)$の位置$(x+\Delta x)$から温度Tの位置(x)へ移動する途中でフォノン

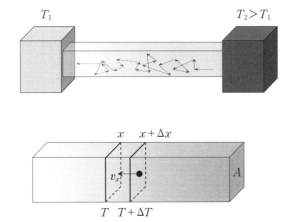

図 5-11 固体中の電子による熱伝導プロセス.電子が高温部から低温部にドリフトし,熱(エネルギー)を運ぶ.

などから散乱されてしまうとエネルギーを失ってしまうので，移動距離 Δx は平均自由行程 $l = v_x \tau$ の範囲内でなければならない．したがって，

$$\Delta q = -c_{\mathrm{e}} \frac{dT}{dx} v_x \Delta t = -c_{\mathrm{e}} \frac{dT}{dx} v_x \tau \tag{5.16}$$

電子が単位体積当たり n 個いると，$A v_x \Delta t$ の体積中には $n A v_x \Delta t$ 個の電子が存在することになり，$x + \Delta x$ から x へ運ばれる熱 ΔQ は，

$$\Delta Q = -n A v_x \Delta t\, c_{\mathrm{e}} \frac{dT}{dx} v_x \tau \tag{5.17}$$

となる．

熱流束密度 J_Q は

$$J_Q = \frac{\Delta Q}{A \Delta t} = -n v_x^2 \tau c_{\mathrm{e}} \frac{dT}{dx}, \tag{5.18}$$

すべての電子が同じ速度でドリフトしているわけではないので v_x^2 は熱力学平均 $\langle v_x^2 \rangle$ で置き換えるべきある．方向 x を指定しなければ，等方的な金属では，

$$\boldsymbol{J}_Q = -\frac{1}{3} \langle \boldsymbol{v}^2 \rangle \tau C_V \nabla T \tag{5.19}$$

ここで $1/3$ の因子は，$\langle \boldsymbol{v}^2 \rangle = \langle v_x^2 + v_y^2 + v_z^2 \rangle = 3\langle v_x^2 \rangle$，からきている．$C_V$ ($= n c_{\mathrm{e}}$) は，電子の定積比熱（体積一定の下での比熱）である．$\boldsymbol{J}_Q = -\kappa \nabla T$ で定義される熱伝導度 κ は，したがって，

$$\kappa = \frac{1}{3} C_V \langle v^2 \rangle \tau = \frac{1}{3} C_V v\, l \tag{5.20}$$

2番目の式，$\kappa = 1/3\, C_V v l$ は，原子，分子からなる気体や液体に対しても適用できる古くから知られた表式である．電子のような量子力学的「粒子」，あるいは固体中のブロッホ波電子が古典的粒子と同じように熱伝導に寄与するのは，外場（今の場合は温度場）に対して，波束として応答するからである．

金属中の電子の熱伝導に量子力学効果が現れるのは，比熱 C_V を通してである．比熱は励起状態のエネルギー，すなわち基底状態 ($T = 0\,\mathrm{K}$) から測った温度 T のエネルギー $\Delta E = E(T) - E(0)$，から求められる．金属の基底状態は，バンドを部分占有した状態である．電子はバンド準位をフェルミ準位 E_{F} まで占有し，E_{F} の上の準位は非占有になっている．励起状態はフェルミ準位

5.4 熱伝導

E_F の下の占有状態の電子を E_F の上の非占有状態に移すというプロセス,電子-正孔対形成,の積み重ねである.温度 T の金属中電子は,熱浴から $k_B T$ 程度のエネルギーをもらって E_F の上の空いた準位に励起される.パウリ原理を考えると,温度 T で励起できるのは E_F から $k_B T$ のエネルギー範囲内の準位を占める電子である.その数は,$E = E_F$ の状態密度を $N(E_F)$ として,$\sim 2k_B T N(E_F)$ となる.したがって,温度 T の励起エネルギーは,

$$\Delta E \sim 2k_B T N(E_F) \cdot k_B T = 2N(E_F) k_B^2 T^2 \tag{5.21}$$

比熱 C_V は,

$$C_V = \left(\frac{\partial E}{\partial T}\right)_V \sim 4N(E_F) k_B^2 T \tag{5.22}$$

(より厳密な計算では,$C_V = 1/3 \pi^2 N(E_F) k_B^2 T$ となる.)

これを使うと,熱伝導度 κ は,

$$\kappa = \frac{1}{3} C_V \langle v^2 \rangle \tau = \left(\frac{1}{3} v_F^2 \tau\right) \left[\frac{1}{3} \pi^2 N(E_F) k_B^2\right] T, \tag{5.23}$$

$(1/3 v_F^2 \tau)$ は金属の電気伝導度の表式に出てくる拡散係数 $D(E_F)$ なので,

$$\kappa = \frac{1}{3} \pi^2 k_B^2 D(E_F) N(E_F) T. \tag{5.24}$$

これは,温度 T 以外は,電気伝導度 $\sigma = e^2 D(E_F) N(E_F)$ とほぼ同じ形である.高温 $(T > \Theta_D)$ では熱伝導も電気伝導と同様,フォノン散乱を受けながらの電子のドリフト運動によるものなので当然である(図5-11).熱伝導度 κ と電気伝導度 σ との比は温度 T とローレンツ(Lorenz)数と呼ばれる普遍定数 L との積となる,

$$\frac{\kappa}{\sigma} = LT \tag{5.25}$$

これは,ヴィーデマン-フランツ(Wiedeman-Franz)則として古くから知られている.ローレンツ数は,

$$L = \frac{\kappa}{\sigma T} = \frac{\pi^2 k_B^2}{3e^2} = 2.45 \times 10^{-8} \, [\text{W} \cdot \Omega/\text{K}^2]. \tag{5.26}$$

実際,多くの金属でこれに極めて近い値が検証されている.例えば,$T =$

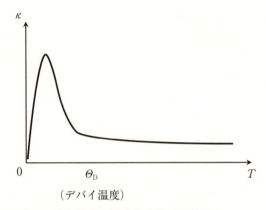

図 5-12 典型的な金属の熱伝導度の温度依存性．低温部はフォノンの寄与，高温部はフォノンによる散乱を受けた電子の寄与が主になる．

373 K (100℃) で銀 (Ag) の L は $2.37×10^{-8}$ [W·Ω/K^2]，金 (Au) では $2.40×10^{-8}$，銅 (Cu) $2.33×10^{-8}$，錫 (Sn) $2.49×10^{-8}$，鉛 (Pb) $2.56×10^{-8}$ である．

通常の金属の熱伝導は主に伝導電子が担うので，熱伝導率 κ は低温域以外では温度 T に依存しなくなる (**図 5-12**)．電気抵抗率は温度 T に比例するので，電気伝導度 σ は T に逆比例する．ヴィーデマン–フランツ則，$\kappa/\sigma = LT$ からわかるように，$\sigma = a/T$ ならば $\kappa = aL =$ 一定となるのである (比熱 $C_V \sim T$，フォノンによる電子の散乱時間 $\tau \sim 1/T$ からも $\kappa = 1/3 C_V \langle v^2 \rangle \tau =$ 一定であることがわかる)．低温域ではフォノンの寄与も大きくなるため，熱伝導度は上昇する．しかし，絶対零度では熱力学第3法則に従いエントロピー (熱量) がゼロになるので熱伝導度も絶対零度に向かって減少する．一方，絶縁体の熱伝導は主にフォノンが担い，熱伝導率は極低温において温度 T の3乗に比例して大きくなる．

参考文献

異常ホール効果，スピンホール効果についての解説記事は，
[1] 紺谷浩，平島大，井上順一郎，日本物理学会誌 **65**(4), 239(2010).

5.4 熱伝導

量子ホール効果についての参考書は，

[2] 'Quantum Hall effect-Russian. png, WIKIMEDIA COMMONS より．

[3] 吉岡大二郎，「量子ホール効果」，岩波書店(1998)．

メゾスコピック系の電気伝導に関しては，

[4] 勝本信吾，「メゾスコピック系」，物性物理シリーズ，朝倉書店(2003)．

[5] R. Landauer, IBM J. Res. & Dev. **1**, 223(1957).

熱電効果についての最近の参考書は，

[6] 坂田亮編，「熱電変換―基礎と応用」，新教科書シリーズ，裳華房(2005)．

固体の熱伝導に関して詳しく記述した教科書は

[7] J. M. Ziman, "Principles of the Theory of Solids", Cambridge University Press (1969).

グラフェンの巨大熱伝導度に関しては，

[8] A. Baladin, S. Ghosh, W. Bao, I. Calizo, D. Teweldebrhan, F. Miao, and C. N. Lau, Nano Letters **8**, 902(2008).

第 6 章

固体の光学的性質

　近年，物性研究手段としてさまざまな分光法が開発され，著しい進化を遂げている．したがって，固体の光学的性質は広汎であり，一冊の本ではまとめきれない多様さをもっている．本章で扱うのは極めて狭い意味での光学的性質である．前章までに述べた固体の電気伝導と密接に関係した固体の光学的性質，そして我々が日常的に体験する固体と光とのかかわりを説明する．

　電気抵抗を測定する以外に，固体が金属か絶縁体かを調べる方法の1つは，その光沢を見ることである．光沢というのは，我々が感ずることのできる可視領域の波長の光(可視光)を固体がどのくらい反射するかを見る尺度である．アルミニウム，銀など典型的な金属は可視光を強く反射するので高い光沢(いわゆる金属光沢)を示す．両者が鏡の材料として使われる理由である．一方，絶縁体は，おおむね鈍い光沢を示す．しかしながら，絶縁体(半導体)は，発光ダイオード(Light-Emitting-Diode：LED)やレーザーなど光学素子の材料となっている．このような固体の光学的性質は，バンド構造や電気伝導に密接に関係している[1]．

6.1　光学伝導度と金属光沢

　金属物質の光学的性質は光学伝導度 $\sigma(\omega)$ という応答関数に関係している．周波数 ω の光(電磁波)に対する物質の応答関数の1つである．伝導度という言葉からわかるように，周波数 ω で時間変化する交流電場 $\boldsymbol{E}(t) = \boldsymbol{E}(\omega)\mathrm{e}^{-i\omega t}$ がかけられたとき，固体に流れる(周波数 ω の交流)電流密度の大きさを測る尺度でもある．光の強度($\boldsymbol{E}(\omega)^2$ に比例する)が強くなければ，固体が 2ω, 3ω などの高調波成分を生み出す特殊な非線形光学材料ではない限り，$\boldsymbol{j}(t) = \boldsymbol{j}(\omega)\mathrm{e}^{-i\omega t}$ であり，電流密度と電場のフーリエ成分 $\boldsymbol{E}(\omega)$ と $\boldsymbol{j}(\omega)$ との間には，

$$\boldsymbol{E}(\omega) = \sigma(\omega)\boldsymbol{j}(\omega) \tag{6.1}$$

という線形の関係が成り立つ．この係数が光学伝導度 $\sigma(\omega)$ である．前章の電気伝導度 σ は直流 $(\omega=0)$ 電場に対する応答関数 $\sigma(0)$ に対応する．

絶縁体（半導体）では，$T=0\,\mathrm{K}$ あるいは低温で $\sigma(0)=0$ であり，バンドギャップ (E_G) に対応する光の周波数 $(\hbar\omega=E_\mathrm{G})$ までは $\sigma(\omega)$ もゼロになる．$\hbar\omega<E_\mathrm{G}$ では電流を運ぶ電子も正孔も励起できないからである．金属の場合，$\sigma(0)$ が電子のブロッホ波束という半古典的な電子描像で理解できたように，光学伝導度 $\sigma(\omega)$ も同じ描像（ドルーデモデル）で理解可能である．古典的な運動方程式

$$m^* \frac{\mathrm{d}^2 \boldsymbol{r}}{\mathrm{d}t^2} + m^* \gamma \frac{\mathrm{d}\boldsymbol{r}}{\mathrm{d}t} + e\boldsymbol{E} = 0 \tag{6.2}$$

が近似的に成り立つとする．交流電場 $\boldsymbol{E}(t)=\boldsymbol{E}(\omega)\mathrm{e}^{-i\omega t}$ に対して，電子も同じ周波数で応答するであろうから，$\boldsymbol{v}(t)=\mathrm{d}\boldsymbol{r}/\mathrm{d}t=\boldsymbol{v}(\omega)\mathrm{e}^{-i\omega t}$ とする．上の方程式は $\boldsymbol{v}$ に対して，

$$m^* \frac{\mathrm{d}\boldsymbol{v}}{\mathrm{d}t} + m^* \gamma v + e\boldsymbol{E} = 0 \tag{6.3}$$

と書けるので，

$$-im^*\omega v(\omega) + m^*\gamma v(\omega) + e\boldsymbol{E}(\omega) = 0 \tag{6.4}$$

に帰着する．$v(\omega)$ は，

$$v(\omega) = -\frac{e}{m^*}\frac{\boldsymbol{E}(\omega)}{i\omega-\gamma}. \tag{6.5}$$

したがって

$$\boldsymbol{j}(\omega) = -ne\boldsymbol{v}(\omega) = \frac{ne^2}{m^*}\frac{\boldsymbol{E}(\omega)}{i\omega-\gamma},$$

$$\sigma(\omega) = \frac{ne^2/m^*}{i\omega-\gamma} = \frac{ne^2}{m^*}\frac{\tau}{1-i\omega\tau}. \tag{6.6}$$

光学伝導度が複素関数であるのは，固体が交流電場に対して電気抵抗体としてだけではなく，誘電体（コンデンサー）のようにも振舞うからである．以下に

6.1 光学伝導度と金属光沢

述べるように,交流電場(フォトン)は,電子-正孔対を励起する.このプロセスが固体を誘電分極させるのである.$\sigma(\omega)$ を実部(抵抗部)と虚数部(コンデンサー部)に分解し,$\sigma(\omega) = \sigma_1(\omega) + i\sigma_2(\omega)$ をそれぞれを書き下すと,

$$\sigma_1(\omega) = \frac{\varepsilon_0 \omega_p^2 \tau}{1 + \omega^2 \tau^2},$$

$$\sigma_2(\omega) = \frac{\varepsilon_0 \omega_p^2 \tau^2 \omega}{1 + \omega^2 \tau^2}. \tag{6.7}$$

ε_0 は真空の誘電率,$\omega_p^2 = ne^2/m^*\varepsilon_0$ は密度 n の電子集団のプラズマ振動数の二乗である.通常の金属は高密度電子集団なので($n \sim 10^{22}$-$10^{23}\,\mathrm{cm}^{-3}$),$\omega_p$ は非常に大きく,エネルギー $\hbar\omega_p$ にすると 2-10 eV にもなる.$\omega = 0$ の電気伝導度につながる実部を見ると,$\sigma_1(\omega)$ は $\omega = 0$ で最大で,ω とともに減少することがわかる(図6-1(a)).散乱時間 τ が長くなると減少は急激になる.低温でフォノン散乱が弱くなり,不純物や欠陥の少ない金属においては τ が非常に長くなるので,$\sigma_1(\omega)$ は幅が $1/\tau$ の非常に鋭いピークを $\omega = 0$ で示すことになる.このとき $\sigma_1(\omega)$ は $\omega = 0$ の近傍以外ではほとんどゼロになる.すなわち $\omega \gg 1/\tau$ になると,電子が散乱により運動量を変える前に交流電場で振動してしまい電流を運べないからである.

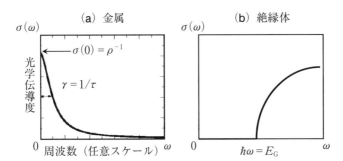

図6-1 (a)金属やドープされた半導体が示す光学伝導度スペクトル($\sigma_1(\omega)$).特徴は $\omega = 0$ のドルーデピークである.このピークの高さは直流($\omega = 0$)の電気伝導度の値であり,ピークの幅は電荷キャリアの寿命,$1/\tau$,と結びついている.(b)絶縁体の光学伝導度スペクトル.$T = 0\,\mathrm{K}$ では,エネルギーギャップ(E_G)を越えた光学遷移(電子-正孔対励起)が起こる周波数(エネルギー)まで $\sigma_1(\omega) = 0$ となる.

$\tau \to \infty$ の極端な場合(完全結晶が実現すれば), $\sigma_1(\omega)$ は式の上ではデルタ関数 $\delta(\omega)$ になる. しかし, 第4章で述べた理由から金属で, このような状況が実現することはない. $\delta(\omega)$ が実際に観測されるのは超伝導状態においてである.

一方, 虚数部 $\sigma_2(\omega)$ は $\omega = 0$ でゼロになるものの, それ以外は有限で, $\omega\tau \gg 1$ になると $1/\omega$ で緩やかに減少する[*1].

$\sigma_2(\omega)$ は誘電的応答に関係しているので, 誘電関数 $\varepsilon(\omega)$ の実部 $\varepsilon_1(\omega)$ と結びついている.

$$\varepsilon_1(\omega) = \varepsilon_0 - \frac{\sigma_2(\omega)}{\omega} \tag{6.8}$$

誘電関数の虚数部は

$$\varepsilon_2(\omega) = \frac{\sigma_1(\omega)}{\omega} \tag{6.9}$$

(誘電関数の虚部, すなわち光学伝導度の実部は電磁波の吸収を表している) ε_0 は一般に物質の誘電率 $\varepsilon_\infty > \varepsilon_0$ に置き換えなければならない,

$$\varepsilon_1(\omega) = \varepsilon_\infty - \frac{\sigma_2(\omega)}{\omega}, \quad \varepsilon_2(\omega) = \frac{\sigma_1(\omega)}{\omega} \tag{6.10}$$

ε_∞ は $\omega > \omega_p$ の高周波領域の誘電率で, フェルミ準位から遠く離れた占有バンドと非占有バンド構造で決まる量である. 大きな ω_p をもつ金属では $\varepsilon_\infty \sim \varepsilon_0$ と考えて構わない. 誘電率 ε は, その定義 $\boldsymbol{D} = \varepsilon\boldsymbol{E} = \varepsilon_0\boldsymbol{E} + \boldsymbol{P}$ ($\boldsymbol{P}$ は物質の電気分極)からわかるように, 光(電磁波)の電場による固体の電気分極の程度を表している(図6-2(a)). 固体の電気分極とは, 「電子-正孔対励起」のことである(図6-2(b), (c)). 絶縁体や半導体の場合の主たる分極は, 価電子帯の電子が光(フォトン)からエネルギーをもらい伝導帯に励起される(したがって, 価電子帯には正孔がつくられる)バンド間遷移プロセスに伴うものである. 金属の分極にはフェルミ準位の下の電子をフェルミ準位の上に励起する(フェルミ準位の下に正孔ができる)プロセスが寄与する.

[*1] 実は, $\sigma_1(\omega)$ と $\sigma_2(\omega)$ は独立ではなく Kramers-Kronig 関係式で結ばれている[2].

6.1 光学伝導度と金属光沢

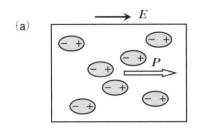

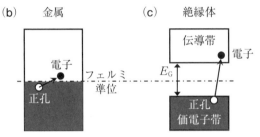

図 6-2 （a）光の電場 E に誘起される固体の電気分極 P. 電気分極の素過程は電子-正孔対励起である．（b）金属の場合は，フェルミ準位を挟んで，その下から上への電子励起である．個々のプロセスは低エネルギー励起であるため伝導電子に遮蔽されて金属内に分極を起こすことができない（低周波の光の電場は金属中に侵入できない）．しかし，このような素過程が，互いにバラバラではなく，集団的に起きるのがプラズマ振動である．通常の金属では，プラズマ振動数（周波数 ω_p）がバンド幅程度の高エネルギーになるので，この集団励起が観測されるのは可視から紫外の領域になる．（c）絶縁体では，価電子帯の電子が光からエネルギー（$\hbar\omega$）をもらって伝導帯に遷移し，価電子帯に正孔を残すプロセスが分極をつくる．このプロセスはエネルギーの散逸を伴うので，図 6-1（b）に示したように，光学伝導度も有限になる．

物質の通常の光学的性質（光学応答），光の反射，屈折，吸収は，光の電場が物質をどう分極させるかで決まる．したがって，光学伝導度より誘電関数が直接的に光学的性質と結びついている．金属の光学的特徴はその金属光沢であり，光に対する高い反射率がその原因である．反射率 R は入射光強度と反射光強度の比で定義される．よく知られているように，反射率は光の屈折率 N と次の関係で結ばれている．

$$R = \left|\frac{N-1}{N+1}\right|^2 \tag{6.11}$$

ここで｜｜は絶対値を表す．屈折率 N と誘電関数 $\varepsilon(\omega)$ との間には

$$N(\omega) = \varepsilon(\omega)^{1/2} \tag{6.12}$$

という関係がある．$\varepsilon(\omega)$ が複素関数なので $N(\omega)$ も複素関数である(N は複素屈折率と呼ばれる)．すでに述べたように，良い金属では τ が長く，光学周波数では $\omega\tau \gg 1$ となるので光学伝導度の実部 $\sigma_1(\omega)$，すなわち，誘電関数の虚数部 $\varepsilon_2(\omega)$ は無視できるほど小さい．したがって，

$$N \approx \varepsilon_1(\omega)^{1/2},$$

$$\varepsilon_1(\omega) = \varepsilon_\infty - \frac{\sigma_2(\omega)}{\omega} = \varepsilon_\infty - \frac{\varepsilon_\infty \omega_p^2 \tau^2}{1+\omega^2\tau^2} = \varepsilon_\infty \frac{1-\omega_p^2\tau^2}{1+\omega^2\tau^2}. \tag{6.13}$$

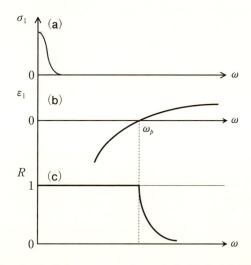

図 6-3 (a) 金属の光学伝導度スペクトル($\sigma_1(\omega)$)と，(b) 誘電関数($\varepsilon_1(\omega)$，光学伝導度の虚数部に対応)，そして，それらから決まる(c) 反射率スペクトル($R(\omega)$)．金属の光学的特徴は，低周波域の σ_1 に現れるドルーデピークと負の ε_1 である．後者が反射率を 1 (完全反射)に近くする原因である．プラズマ周波数 ω_p より高周波では，ε_1 は負から正に変わり，反射率は 1 から急激に低下する(プラズマ端)．

6.1 光学伝導度と金属光沢

ここでプラズマ周波数 ω_p を改めて $\omega_p^2 = ne^2/m^*\varepsilon_\infty$ とする．ω_p は高いエネルギー(周波数)の電気分極により遮蔽されたプラズマ周波数とも呼ばれる．

$\omega\tau \gg 1$ のときは

$$\varepsilon_1(\omega) \approx \varepsilon_\infty\left(1 - \frac{\omega_p^2}{\omega^2}\right) \tag{6.14}$$

なので，$\varepsilon_1(\omega)$ は $\omega > \omega_p$ では正，$\omega < \omega_p$ では負になる(図 6-3(b))．$N(\omega) = \varepsilon_1(\omega)^{1/2}$ であるから，$\varepsilon_1(\omega)$ が負になる周波数領域 $\omega < \omega_p$ で N は純虚数となるのである．反射率 R は，

$$R = \left|\frac{N(\omega)-1}{N(\omega)+1}\right|^2 \tag{6.15}$$

$N(\omega)$ が純虚数のとき反射率は 1 になる．交流電場(すなわち光)は金属に侵入できず，表面で完全反射されてしまう．したがって，金属の反射率スペクトル $R(\omega)$ は $\omega < \omega_p$ の周波数領域では 1(完全反射)に近く，ω_p を過ぎると急激に減少する(図 6-3(c))．反射率が急激に減少するところをプラズマ端とい

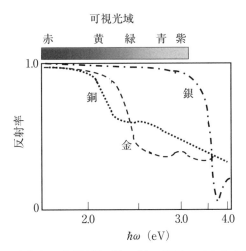

図 6-4 我々の身のまわりの金属(銅，銀，金)の反射スペクトルに現れるプラズマ端．高い反射率がグレースケールで示す可視光域まで続いている．これが金属光沢の原因である．プラズマ端の周波数(エネルギー)は，それぞれの金属の色と関係している．

う.典型的な金属であるアルミニウムや銀のプラズマ端は紫外線領域($\hbar\omega_p > 3\,\mathrm{eV}$)にあり,可視波長域の光をほぼ完全に反射する.白く輝いて見えるのはこのためである.これに対して,金や銅はプラズマ端が可視領域にある.銅は比較的波長の長い赤や橙の光を完全反射するため赤味がかった金属光沢を示す.金のプラズマ端は銅よりも短波長側にあるため黄金色となる(図6-4).金の薄膜を透かしたとき青紫色に見えるのは,可視領域の光の長波長側を完全反射して通さないからである.金属の中にはキャリア濃度 n が低く,プラズマ端を赤外領域にもつものもある.高温超伝導を示す銅酸化物がその一例である.可視領域の光を強く反射しないので,このような金属は光沢を示さず,黒ずんで見える.

6.2　半導体の光学的性質と特殊相対論効果:発光ダイオード(LED)の色

　低温で電荷キャリアが希薄な半導体(絶縁体)の光学的性質を決めるのは,その価電子帯と伝導帯との間を隔てるエネルギーギャップ(バンドギャップ)E_G である.反射や吸収スペクトルを考えるとき,$\hbar\omega < E_\mathrm{G}$ の光(フォトン)は電子-正孔対を励起できないので,固体中には光の電場により誘起された電気分極はない.そのため,光スペクトルは何等特徴的な変化を示さない.$\hbar\omega > E_\mathrm{G}$ になると電子-正孔対励起が可能になり,光の吸収率が大きくなる(同時に反射率も高くなる)(図6-1(b),図6-2(c)).光学伝導度や誘電関数でいえば,主として,$\varepsilon_2(\omega) = \sigma_1(\omega)/\omega$ が顕著な変化を示すのである[3].

　現在,半導体の光学的性質を応用したデバイスとして,発光ダイオード(LED)や半導体レーザーが広汎に使われている.電場の印加など何らかの方法で電子-正孔対を励起し,それが再結合して基底状態に戻るときに放出する光を利用するのが,これらのデバイスの基本的な原理である.発光する光の波長(エネルギー)は,必然的に半導体のエネルギーギャップの大きさに対応している.エネルギーギャップの大きい半導体は短い波長の光を放出する.では,エネルギーギャップの大きさ E_G は何で決まっているのであろうか?

　ダイアモンド構造をもつⅣ族半導体の E_G を並べてみると,ダイアモンド

6.2 半導体の光学的性質と特殊相対論効果：発光ダイオード(LED)の色

(C) $E_G = 5.3\,\text{eV}$, シリコン(Si) $1.2\,\text{eV}$, ゲルマニウム(Ge) $0.7\,\text{eV}$ である (表 6-1). あまり知られてはいないが, ダイアモンド構造の錫(Sn)も存在し(灰色錫あるいは α-Sn), その E_G は, 後で説明するように, ゼロである (α-Sn は 0℃より高温では不安定なので, めったに見ることはない). 原子番号が大きくなるとギャップが小さくなることがわかる. この傾向はⅢ-Ⅴ族, Ⅱ-Ⅵ族化合物半導体でも見ることができる(表 6-2). 例えば, Ⅲ族のAlを固定すると, AlP：$2.5\,\text{eV}$, AlAs：$2.2\,\text{eV}$, AlSb：$1.6\,\text{eV}$. Ga の場合は, GaN：$3.4\,\text{eV}$, GaP：$2.3\,\text{eV}$, GaAs：$1.5\,\text{eV}$, GaSb：$0.7\,\text{eV}$, 逆にⅤ族のAsを固定すると, AlAs：$2.2\,\text{eV}$, GaAs：$1.5\,\text{eV}$, InAs：$0.36\,\text{eV}$, のように小さくなる. Ⅱ-Ⅵ族も, 表 6-2 に並べたように, 同じ傾向を示している.

このように, 物理量が原子番号の大きさに依存する場合は, 特殊相対論の効果と考えてほぼ差し支えない. 原子番号の大きな元素(原子)の電子は光速に近

表 6-1　Ⅳ族半導体とそのバンドギャップの大きさ.

Ⅳ族元素	バンドギャップ(eV)
C(ダイアモンド)	5.3
Si	1.2
Ge	0.7
α-Sn	-0.2

表 6-2　Ⅲ-Ⅴ およびⅡ-Ⅵ族半導体とそのバンドギャップの大きさ.

Ⅲ-Ⅴ族元素	バンドギャップ(eV)	Ⅱ-Ⅵ族元素	バンドギャップ(eV)
AlP	2.5	ZnS	3.8
AlAs	2.2	ZnSe	2.8
AlSb	1.6	ZnTe	2.3
GaN	3.4	CdTe	1.6
GaP	2.3	HgTe	-0.3
GaAs	1.5		
GaSb	0.7		
InAs	0.36		
InSb	0.2		

い速さで運動しているからである．相対論効果は原子のエネルギー準位の位置や分裂に関係している．原子での相対論効果の大きさは，原子番号を Z として，$(Z/137)^2$ という因子で測られる．1/137 は微細構造定数 $(\alpha = e^2/4\pi\varepsilon_0 c)$ として知られ，原子物理学，量子電磁気学に頻繁に登場する．相対論効果には大雑把に2種類あり，固体物理学と馴染み深いのはスピン・軌道相互作用である．原子のハミルトニアンにおけるスピン・軌道相互作用の項は，

$$H_{so} = \left(\frac{Z}{137}\right)^2 \boldsymbol{l}\cdot\boldsymbol{s} \tag{6.16}$$

と書ける．$\boldsymbol{l}, \boldsymbol{s}$ はそれぞれ，電子の軌道角運動量，スピン角運動量である．この項は $l\neq 0$ の軌道，$p(l=1)$ や $d(l=2)$ 軌道を分裂させる．スピン・軌道相互作用が強くなると，軌道角運動量ではなく，全角運動量 $\boldsymbol{J} = \boldsymbol{l} + \boldsymbol{s}$ が良い量子数になる．例えば，$l=1$ の p 軌道準位は二重縮重の $J=3/2(P_{3/2})$ と一重の $J=1/2(P_{1/2})$ に分裂する (図 6-5)．このスピン・軌道相互作用による $P_{3/2}$ と $P_{1/2}$ との分裂は，Si や Ge などの半導体において価電子帯を分裂させる原因である．スピン・軌道相互作用は $l=0$ の s 軌道には効かない (s 軌道は $S_{1/2}$ と表記され，$S_{1/2}$ のエネルギー準位はもとの s 準位から多少ずれる)．

s 軌道に効くのは，もう1つの，一般にはよく知られた相対論効果，質量補

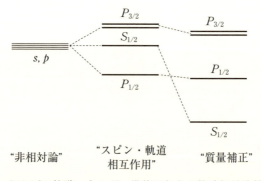

図 6-5 原子の s および p 軌道エネルギー準位に与える特殊相対論効果．"非相対論"は $Z=0$ の極限状況で，共通の主量子数をもつ s, p 軌道の4本の準位は縮重する．"スピン・軌道相互作用"は3本の $p(l=1)$ 軌道準位を分裂させる．一方，"質量補正効果"は s 軌道準位を，p 軌道準位に対して，大きく低下させる．

6.2 半導体の光学的性質と特殊相対論効果：発光ダイオード(LED)の色

正項である．光速に近い速さで運動する電子の質量は増加するという相対論効果である．電子の静止質量を m_0 とすると，速さ v で運動する電子の質量 m は，

$$m = \frac{m_0}{(1-v^2/c^2)^{1/2}}. \tag{6.17}$$

原子の s 軌道は原子核近くに大きな存在確率をもつ．原子核近傍を避ける p 軌道とは違って原子核の束縛を強く受ける．特に Z の大きな原子では，さらに強く束縛され位置の不確定性 Δx が非常に小さくなる．その代償として運動量の不確定性 Δp が増大し，電子の速さが光速に近づくのである．相対論効果により s 軌道電子の質量が重くなり，その結果，さらに強く原子核に束縛され，その軌道エネルギーを下げる．したがって，Z が大きい原子ほど，s 軌道準位は p 軌道準位から下に離れることになる(図 6-5)．

このような原子における相対論効果は，「強く束縛された電子」の近似で考えれば，固体のバンド構造にも影響を与える．第3章で述べたように，ダイアモンド構造のシリコン(Si)やゲルマニウム(Ge)が半導体になるのは，その s 軌道と p 軌道が sp^3 混成によって結合軌道と反結合軌道に大きく分裂することが主因である．それぞれが固体中でエネルギーバンド，結合軌道バンドと反結合軌道バンド，を形成し，完全占有の前者が価電子帯，非占有の後者が伝導帯となる．軌道分裂が充分大きく，バンド形成後も価電子帯と伝導帯との間のエネルギーギャップが残るため半導体になるのである．元が sp^3 混成軌道なので，バンド全体で見れば価電子帯，伝導帯で s と p との区別はつかない．しかし，$\boldsymbol{k}$(運動量)空間の特定の点($\boldsymbol{k}=0$，Γ 点)の近くでは，s，p の性格の違いが見えてくる．しかも，多くの半導体で，特にⅢ-Ⅴ族，Ⅱ-Ⅵ族では，伝導帯の極小は Γ 点にあり，価電子帯の極大も Γ 点に存在するので，Γ 点での価電子帯と伝導帯とのエネルギー差が直接エネルギーギャップの大きさを決めている．それゆえに，バンド構造に及ぼす相対論的効果を見るには，Γ 点近くのバンドに注目すればよい(図 6-6)．

Ⅳ族半導体の Γ 点近傍のバンド構造の元素の違いによる変化を見てみよう(図 6-7)．最も Z の小さい($Z=6$)ダイアモンド(C)では相対論効果は弱く，

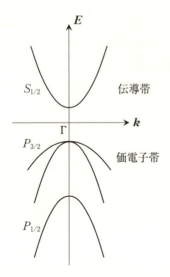

図6-6 Ⅳ族およびⅢ-Ⅴ,Ⅱ-Ⅵ族半導体のΓ点($k=0$)近傍のエネルギーバンド.最も上の価電子帯はスピン・軌道相互作用で分裂したp軌道の$P_{3/2}$準位から形成されるバンドで,2本のバンドがΓ点で縮重している(縮重はダイアモンド結晶構造の立方対称性によるものである).曲率の小さい(有効質量の大きい)バンドは「重い正孔バンド」,曲率の大きい方は「軽い正孔バンド」と呼ばれている.伝導帯は,主にs軌道($S_{1/2}$)から構成されている反結合軌道バンドで,s軌道の結合軌道バンドは$P_{1/2}$バンドの下方にある.

$2s$と$2p$軌道の分裂は微小である.そのため,Γ点近くのバンド構造においても,価電子帯,伝導帯ともs軌道,p軌道からつくられるバンドが入り乱れている.その下のSi($Z=14$)になると,相対論効果が強くなり,s, p(S, P)の個性が明確になってくる(図6-7(a)).価電子帯(結合軌道バンド)の頂上はΓ点にあり,$P_{3/2}$軌道の性格をもつ.$P_{3/2}$軌道の二重縮重を反映してΓ点では2つのバンドがくっついている(この2つのバンドは曲率,すなわち有効質量が異なる.有効質量の大きいバンドにできる正孔を重い正孔,有効質量の小さいほうは軽い正孔と呼ばれる).スピン・軌道分裂した$P_{1/2}$の結合軌道バンドは$P_{3/2}$バンドのやや下にあり,$S_{1/2}$の結合軌道バンドはさらにその下に位置する.一方,Γ点には伝導帯の極小があり,その性格は$S_{1/2}$の反結合軌道である.相対論効果の質量補正項が$S_{1/2}$準位を下げている(実際の伝導帯の底はΓ点から離れたところにある).$P_{3/2}$, $P_{1/2}$の反結合軌道バンドは,$S_{1/2}$のやや上にある.

1周期下のGe($Z=32$)では,さらに相対論効果(質量補正)が強くなり,伝導帯の$S_{1/2}$の反結合軌道バンドが突出して下がってくる(図6-7(b)).その結果,価電子帯の$P_{3/2}$の頂上との距離が短くなり,バンドギャップが縮小する.

6.2　半導体の光学的性質と特殊相対論効果：発光ダイオード(LED)の色

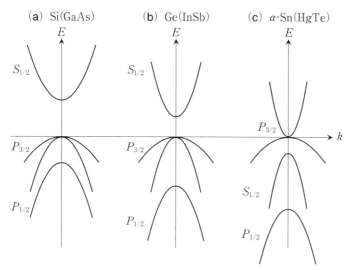

図6-7　半導体を構成する元素の(平均)原子番号が大きくなると，特殊相対論効果により，図6-6に示したΓ点近傍のバンド構造が(a)→(b)→(c)のように変化する．最も顕著な変化を示すのが主にs軌道で構成されている$S_{1/2}$バンドである．原子番号が大きくなると，質量補正の効果で，他のバンドに比べエネルギー位置が著しく低下する．原子番号の大きなα-SnやHgTeでは，$S_{1/2}$バンドは伝導帯から価電子帯に役割を変える．$P_{3/2}$バンドにおいて，軽い正孔のバンドの曲率が負から正に変わるのは$\boldsymbol{k}\cdot\boldsymbol{p}$摂動[3]と呼ばれる効果による．

もう一周期下がって錫α-Sn($Z=50$)になると，$S_{1/2}$の伝導帯の底がさらに下がり，$P_{3/2}$の価電子帯の頂上とエネルギー位置が逆転してしまう(図6-7(c))．そのため，$S_{1/2}$反結合軌道バンドが価電子帯に加わり，その電子占有の分，$P_{3/2}$バンドのうち1つ(軽い正孔バンド)の電子が空になり，その曲率を負から正に反転させ伝導帯となる．重い正孔のバンドはそのままでΓ点が価電子帯の頂点になる．Γ点での2つのバンドの接触(縮重)は解けないので，価電子帯の頂上と伝導帯の底が1点で接することになる．ギャップがゼロの半導体が実現するのである．同じようにⅡ-Ⅵ族のテルル化水銀(HgTe)もゼロギャップ半導体である．Γ点の$S_{1/2}$と$P_{3/2}(P_{1/2})$とのエネルギー差E_gをエネルギーギャップの目安とすると，α-Snは$E_g=-0.2$ eV，HgTeは-0.3 eVの負のギャップをもつといえる．

最後に鉛(Pb, $Z=82$)はというと,価電子軌道の $6s$ と $6p$ とのエネルギー差が強い相対論効果のために大きくなり過ぎて sp^3 混成軌道をつくるのが不可能になっている.そのため,Pb はダイアモンド構造をつくれず,幅の広い $6s/6p$ バンドを 4 個の電子が部分占有する金属になるのである.我々の身近にある白色錫(β-Sn)も同様な理由で金属である.α-Sn の存在からも $Z=50$ の Sn は,共有結合と相対論効果の競合において際どい位置にあるといえる.

III-V 族,II-VI 族化合物半導体についても,ギャップの大きさと構成元素の原子番号(平均原子番号)との相関は IV 族の場合と同じ相対論効果,特に質量補正項の効果として説明できる.IV 族半導体との違いは,Γ 点の $S_{1/2}$ と $P_{3/2}(P_{1/2})$ とのエネルギー差 E_g が真のギャップ E_G になっていることである.Si や Ge では伝導帯の底の位置が Γ 点から離れているのに対して,III-V 族,II-VI 族半導体では伝導帯の底と価電子帯の頂上が必ず Γ 点にある(前者の場合を間接ギャップ,後者を直接ギャップという(図 6-8(a),(b))).

この直接ギャップであることが化合物半導体を光学素子として適した材料にしている.光による電子-正孔対形成,そして電子-正孔再結合による光放出は,電子とフォトン(光子)とのエネルギー・運動量交換プロセスである.対形成において電子はフォトンから E_G の相当するエネルギーをもらうだけではなく,運動量も受け取ることになる.フォトンの運動量(波数)q は光の波長 λ の

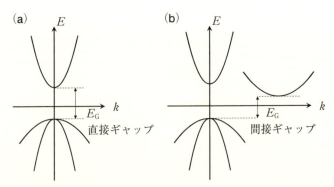

図 6-8 (a)直接ギャップの半導体と(b)間接ギャップ半導体のバンド構造.GaAs が前者の,Si が後者の代表例である.

6.2 半導体の光学的性質と特殊相対論効果：発光ダイオード(LED)の色

逆数に 2π をかけたものである（$q=2\pi/\lambda$）．可視領域の光の場合，q の大きさは第1ブリュアン帯の大きさから見ると非常に小さい．q の大きさは5000 Å 程度の長さの波長に対応するのに対して，ブリュアン帯の大きさは，$2\pi/a, a = 2\sim4$ Å の長さで決まる．$2\pi/a \gg q$ なのでフォトンのもつ運動量は無視できるような小ささである．したがって，もし伝導帯の底が Γ 点から離れていると（図6-8(b)），E_G に対応する光では，光から受ける運動量が小さ過ぎて，電子-正孔対を励起できない（高温では，フォノンの運動量を利用して励起できる）．これに対して，伝導帯の底が Γ 点にある直接ギャップの場合は，$\hbar\omega = E_G$ の光で電子-正孔対を励起できるとともに，電子-正孔再結合で $\hbar\omega = E_G$ の光を放出できることになる（図6-8(a)）（Si や Ge は間接ギャップの半導体なので，光学素子には適していない）．

赤色 LED や赤色半導体レーザーとして実用化されているのは GaAs を基本とする半導体である．しかし，GaAs そのもののエネルギーギャップは $E_G = 1.5$ eV と小さく，これは，赤外の波長の光に対応する．赤色の光を放射させるには E_G を少し大きい 1.7〜1.9 eV にしなければならない．E_G を大きくするには相対論的質量補正効果を弱め，Γ 点の $S_{1/2}$ 伝導帯の底を少し上昇させればよい．Ga ないしは As を Z の小さい元素で置き換えれば，それは可能である．例えば，Ga を Al に置き換えて AlAs にすると E_G は 2.2 eV に拡大する．しかし，2.2 eV は大きすぎて，対応する光は緑色である．実際に赤色を発光している材料は Ga の一部を Al で置換した $Ga_{1-x}Al_xAs$ である．Al 置換量 x を変えることで E_G の値，すなわち発光波長を 1.5 から 2.2 eV の間の任意の値に調整できるのである．赤崎，天野，中村によって開発された青色 LED，青色レーザーの材料は GaN を基本とする[4]．しかし，GaN のバンドギャップは $E_G = 3.4$ eV，これは紫外光の波長に対応する．そのため，実際の青色 LED は Ga の一部を原子番号 Z の大きなインジウム(In)で置換することで作製される．この場合は，相対論効果を強めることで，発光波長を紫外から青色に調整しているのである．

参考文献

　固体の光学的性質は，第3，4章に掲げた固体物理学の標準的教科書に一般的な記述がある．
　例えば，
[1]　J. M. Ziman, "Principles of the Theory of Solids", Cambridge University Press (1969).
　特に，伝導性のある固体の光学伝導度に関しての参考書は，
[2]　F. Wooten, "Optical Properties of Solids", Academic Press, Inc. (1972).
[3]　川村肇，「半導体の物理」，第2版，槇書店(1971).
　青色発光ダイオード(LED)の広汎な実用のきっかけとなった論文は，
[4]　S. Nakamura, M. Senoh, S. Nagahama, N. Iwasa, T. Yamada, T. Matsushita, H. Kiyoku, and Y. Sugimoto, Jpn. J. Appl. Phys. **35**, L74(1996).

第7章
金属の安定性・不安定性

　電気伝導を初めとする固体中の電子の輸送現象は，固体中を古典的な荷電粒子が不純物，格子欠陥，フォノンに散乱されつつドリフト・拡散運動するとして理解できることを第4，5章で議論した．ブロッホ波が電場(磁場)や温度勾配の下，波束としてこれらの外場に応答するからである．その前提となるのは，散乱と次の散乱との間が充分長く，その間電子はブロッホ波(波束)として波長(結晶運動量 k)を変えず進行できるということであった．この前提は，

$$k_\mathrm{F} l > 2\pi \tag{7.1}$$

という式で表現される(第4章の図4-9を参照)．これは，また，固体中の電子が「自由」であるための条件でもある．電子輸送現象に寄与するのは，主として，フェルミ準位近くの k_F という運動量をもった電子であり，l は電子が k_F という運動量を持続できる平均距離(平均自由行程，$l = v_\mathrm{F}\tau$)である．この章では，まず，電子が激しく散乱され $k_\mathrm{F} l > 2\pi$ という前提が崩れたとき電気伝導がどうなるかを考える．

　この章では，次に，固体中の電子は「自由」で「独立」であるというバンド理論の大前提を検証する．バンド構造を考えるとき，電子間のクーロン相互作用が無視できると仮定した．この仮定の下で構成された固体のバンド構造が，その電気的性質を決め，実際，多くの固体の電気的性質を説明できる．特に，膨大な数の電子が寄与する金属の電気伝導も，クーロン相互作用を無視した独立な電子集団として理解可能である．何故，無視できるのであろうか？　あるいは，もし相互作用が無視できなくなったら固体の($T = 0\,\mathrm{K}$ の)基底電子状態はどう変わるのであろうか？

7.1 激しい電子散乱による飽和電気抵抗と電子の局在

飽和電気抵抗

通常の金属では，その電気抵抗率 ρ は高温 ($T > \Theta_\mathrm{D}$，Θ_D はデバイ温度で，通常は数 10 K から 200 K) で温度 T に比例して増大する．

$$\rho = AT \tag{7.2}$$

高温での散乱はフォノンによるもので，係数 A は電子とフォノンの結合の強さを表している．銅(Cu)のような「良い」金属では電子-フォノン結合が弱く (A が小さく)，温度 T に比例する電気抵抗率がその融点に近い 1000 K まで観測される(図 7-1)[1]．フォノンによる散乱が弱いため，フォノン散乱による電子の平均自由行程 l は，温度が 1000 K に上昇しても，$k_\mathrm{F} l > 2\pi$ という条件が満たされている (l は結晶の格子定数 a よりもかなり長いままである)．

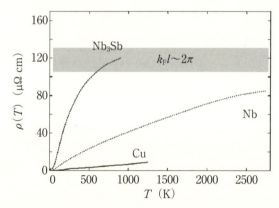

図 7-1 金属銅(Cu)および遷移金属ニオブ(Nb)，ニオブ合金(Nb$_3$Sb)の電気抵抗率の温度依存性[1]．Nb$_3$Sb は A15 構造をもつ超伝導体で，電子-格子(フォノン)相互作用が強く，比較的高い超伝導臨界温度 $T_\mathrm{c} = 18$ K をもつ．強いフォノン散乱のために，正常状態 ($T > T_\mathrm{c}$) では，温度とともに電子の平均自由行程 l は急激に短くなり(電気抵抗率が急激に増大し)，$k_\mathrm{F} l > 2\pi$ を満たせなくなる．このとき，電気抵抗率は飽和すると考えられている．$k_\mathrm{F} l = 2\pi$ に対応する抵抗値は影を施した範囲にあると見積もられる．

7.1 激しい電子散乱による飽和電気抵抗と電子の局在

これに対して,フォノンとの結合が強い金属(遷移金属化合物,合金)ではAが大きく,電子はフォノンによる強い散乱を受けるため,電気抵抗率は温度とともに急激に増大する.しかし,電気抵抗率の値が150-200 $\mu\Omega$cmに近づくと増加は鈍り飽和する(図7-1).半古典的な描像では,電気抵抗の飽和は,平均自由行程lが格子定数a程度になり,これ以上短くなれないときに起こるとされていた.しかし,現在では,電子がフォノンにより激しく散乱され$k_Fl > 2\pi$という関係が満たされなくなったときに電気抵抗が飽和すると考えられている[1,2].*1.$2\pi/k_F$はブロッホ波の波長であり,$l \lesssim 2\pi/k_F$ということは,散乱と次の散乱との間があまりにも短く,その間電子はブロッホ波(波束)として同じ波長(結晶運動量)を維持できないことを意味する[2].このブロッホ波束の描像(専門的には準粒子描像ともいう)が崩れたときの電気伝導は未だ充分に理解されていない.

電子の局在

不純物や格子欠陥を多く含むような乱れた金属,特に,ドーピングにより金属化した半導体ではk_Fが小さく,低温で$k_Fl \ll 2\pi(k_Fl < 1)$になってしまう場合がある.高温の場合と違って,低温での平均自由行程lは不純物等による弾性散乱で決まる.lが短くても弾性散乱は波(波束)としての位相を乱さないので,このときは,電子の量子力学的波動性が強く現れるのである.前方に進行する波(束)と散乱されて後方に進む波が出会う確率が増え,電子波の干渉が促進される.この干渉効果によって電子の状態が結晶全体に拡がったものから,拡がりの有限な局在した状態に変わる(図7-2).この現象はアンダーソン(Anderson)局在と呼ばれ,現在では乱れた系における電子物性の普遍的性質と考えられている[3].

低温になると電子-フォノン散乱$(1/\tau_{ph} \sim T^5)$が起こりにくくなる.した

---

*1 文献[1]では$k_Fl \sim 1$のとき電気抵抗率が飽和するとしている.しかし,遷移金属や遷移金属合金のキャリア密度は高く,したがって,k_Fが大きいので,lがaよりかなり短くならない限り$k_Fl \sim 1$にはならない.$k_Fl \sim 1$という「判定基準」は,次に述べるように,ドーピングによりキャリア注入された半導体が低温で示すアンダーソン局在に関係したものである.

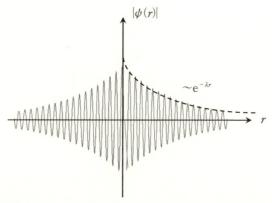

図 7-2 低温で不純物に激しく散乱され，$k_F l < 2\pi$ となって局在（アンダーソン局在）する電子の波動関数．波動関数の振幅が指数関数（$\sim e^{-\lambda r}$）で減衰する．

がって，

$$\frac{1}{\tau_{\text{ph}}} \ll \frac{1}{\tau_0} \tag{7.3}$$

同様に，もう1つの非弾性散乱である電子–電子散乱（$1/\tau_\varphi \sim T^2$）も効かなくなるので，

$$\frac{1}{\tau_{\text{ph}}} \ll \frac{1}{\tau_\varphi} \ll \frac{1}{\tau_0} \tag{7.4}$$

となり，不純物等による弾性散乱のみが残る．非弾性散乱と違って弾性散乱は電子の波動関数の位相を変化させない．不純物や格子欠陥濃度が高くなると，電子は何度も散乱されその運動量を大きく変化させる（弾性散乱なので運動量の向きを大きく変えるというのが正確である）．また，不純物等の濃度は低くても，不純物が「強力」であれば電子は大きな運動量変化を伴う散乱を受ける（後方散乱という）．このように，結晶の周期性の乱れが増すと（$k_F l$ の値が小さくなると），ある方向に進む波束が逆方向に散乱される確率が高くなる．こ

---

*2 乱れが弱いとき（$k_F l > 2\pi$）電子は進行方向とほぼ同じ方向に散乱される（前方散乱）．このときは，干渉効果によって電子が局在することはない．

の逆方向に進む波束同士が互いに干渉すると，波束は結晶中を進行できなくなって空間的に局在化するのがアンダーソン局在である．このとき，電気抵抗率は温度の低下とともに増大し，固体は絶縁体になる[*2]．

乱れが増大し，ある強さ($k_F l \sim 2\pi$)を越えると金属が絶縁体になるという現象(金属-絶縁体転移)が明確に観測されるのは3次元金属の場合である．半導体界面で実現する2次元金属や，金属や半導体の微細加工でつくられる1次元金属では，乱れが弱くても，すべての伝導電子の波動関数は絶対零度で局在するとされている．しかし，2次元金属の場合は微妙で，その局在は際どいものになっている(図7-2に示した波動関数の振幅の減衰が，指数関数ではなく，$1/r^n$という弱いものになる)．例えば，弱い磁場をかけることで一部の電子は遍歴性を回復する．遍歴性を回復した電子は2次元金属の端に沿って回転し量子ホール効果を生み出す．

7.2 金属は何故安定なのか：電子間相互作用の無力化

第3章のバンド理論は完全に電子間相互作用を無視したものではない．まず，バンドエネルギー準位の占有はパウリの原理による制約を受けている．ある準位を電子が1つ占有しているとする．そこを占有しようとするもう1つの電子は，すでにいる電子と逆向きのスピンをもたなければならないというスピン状態の制約を受ける．その準位を2つの電子がすでに占有していれば，第3の電子は運動量状態を変えなければならない．

さらには，固体中の電子が感ずる周期ポテンシャル $V(r)$ には，原子核(陽子)からのクーロン引力だけではなく，他の電子からのクーロン斥力の効果も，平均的にならした形で組み込まれているのである．例えば，価電子軌道がつくるバンドの電子は，内殻電子により遮蔽された原子核のポテンシャルを感ずるであろう．しかし，どのような形にせよ相互作用が周期ポテンシャルに組み込み可能な限りは，バンド理論の予測・結果には本質的な影響を与えない．では，バンド理論に深刻な影響を与える相互作用とはどのようなものであろうか？

電子間相互作用は2つの電子が運動量 q とエネルギー ε をやり取りするプ

ロセス(衝突あるいは散乱)からなる. その結果, 固体の電子はその(結晶)運動量とエネルギーの状態を変化させることになる. 問題となるエネルギーバンドの1つの準位 $E_n(\boldsymbol{k})$ を上向きスピン($S_z = +1/2$)をもつ電子が1個占有しているとき, 同じ $\boldsymbol{k}$ と $E_n(\boldsymbol{k})$ をもつ別の電子は, 逆向きのスピン $S_z = -1/2$ をもてば同じ準位を二重に占有できるというのがバンド理論の前提であった. しかし, 両電子の間に相互作用(クーロン斥力相互作用)がまともに働くと状況が変わる. 2番目の電子はすでにいる電子から運動量 $\boldsymbol{q}$ をもらって $E_n(\boldsymbol{k}+\boldsymbol{q})$ に対応する別の準位に行くことになる. このとき1番目の電子も, 元の準位 $E_n(\boldsymbol{k})$ に留まれず, $E_n(\boldsymbol{k}-\boldsymbol{q})$ の準位に移らざるを得ない. このプロセスもパウリの原理の制約を受ける. 2つの電子が相互作用によって移る先の準位は電子が空でなければならないからである. したがって, それらの準位は元の準位 $E_n(\boldsymbol{k})$ より高いエネルギー準位でなければならないのである. 電子が1つのときは, そのエネルギーは $E_n(\boldsymbol{k})$, 2つのときは $2E_n(\boldsymbol{k})$ にはならず $2E_n(\boldsymbol{k})+U$ ($U>0$ は相互作用によるエネルギーの増加分)になってしまう(図7-3).

絶縁体では, パウリの原理とエネルギーギャップの存在により, この「破綻」が回避される. 電子が空の準位はエネルギーギャップに隔てられた高いエネルギーのところにあるので, 斥力相互作用が極端に強くない限り, 電子が移れる先が存在しない. 問題は金属である. バンドがフェルミ準位まで部分占有されているので, その上の空いた準位はいくらでもある. したがって, 相互作

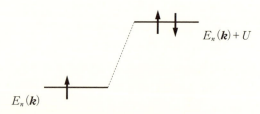

図 7-3 電子間の相互作用 U が強いとき, 電子が1個占有(単占有)しているバンド内の1つのエネルギー準位($E_n(\boldsymbol{k})$)を電子がもう1個占有しようとすると U だけ余分なエネルギーを必要とする. 同じエネルギー準位でも単占有と二重占有ではエネルギーが異なる.

用が少しでも働けば，バンド理論で予測される金属状態が直ちに破綻する可能性がある．しかし，以下で述べるように金属には電子間相互作用を無力化するメカニズムが存在する．

相互作用の無力化テスト

金属状態が安定か否かは，外から電子を1つもってきてフェルミ準位の1つ上の準位に置いてみればわかる(**図7-4**)．相互作用がなければ，あるいは相互作用があっても有効に働かなければ，電子は何事もなくその準位を占めることができる．一方，もし加えられた電子が相互作用によってすでにいる電子の状態を変え，自らもその準位に留まれなくなったとすれば，バンド理論のスキームは破綻し，金属状態は安定ではいられなくなるであろう(図7-4)．

遮蔽効果

加えられた電子は，部分占有されたバンド(伝導帯)の電子だけではなく，その下にある完全占有されたバンド(価電子帯)の電子とも相互作用する．しかし，価電子帯の電子を励起するには大きなエネルギーを必要とするので，この相互作用は実質的に働かないと考えてよいであろう．

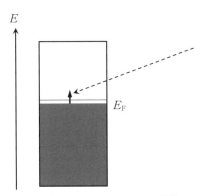

図7-4 電子間の相互作用の無力化テスト．フェルミ準位 E_F まで部分占有されたバンドを考える．フェルミ準位の1つ上の準位に外から1個つけ加えたとき，電子が E_F の下にいる電子に影響を与えず(E_F の下にいる電子から影響を受けず)，電子がその準位に留まれるかどうか調べる．

すでに伝導帯を占有している電子との相互作用は，本来，$-e$の点電荷間のクーロン相互作用 $U_0(r) = e^2/4\pi\varepsilon_0 r$ である．通常の金属には $1\,\mathrm{cm}^3$ 当たり 10^{22} 以上の伝導電子がいる．その平均間隔(距離)$\langle r \rangle$ は数 Å である．平均的なクーロンエネルギー $\langle U_0 \rangle = e^2/4\pi\varepsilon_0 \langle r \rangle$ は数 eV になる．これはエネルギーバンド幅やフェルミエネルギーに匹敵する大きさで，金属バンド構造を破綻させるに充分なエネルギーである．しかし，膨大な数の相互作用する電子が高密度に存在するという状況がこの相互作用を無力化するのである．

無力化の機構は2つある．1つは古典的な電荷遮蔽である．伝導電子集団に外から電子が1つ加わると，クーロン斥力によるエネルギー損を回避するため他の電子はその近くから離れようとする(図 7-5 (a))．その場所から離れるとい

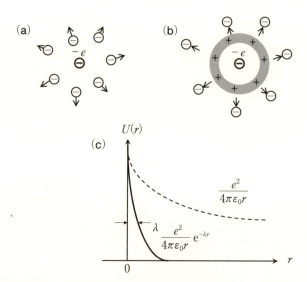

図 7-5　金属中の特定の電子に注目したとき，その存在が近傍の他の電子に及ぼす影響．(a)周囲の電子は，特定の電子とのクーロン斥力によるエネルギー損を軽減するため，その電子から離れようとする．(b)その結果，特定の電子の周囲の電子密度が相対的に低くなる．そこでは，電荷密度のバランスが崩れ，背景の格子イオンの正電荷の層が電子の負の電荷を囲んで形成される．これが電荷の遮蔽効果である．(c)遮蔽された電子がつくるクーロンポテンシャル．元のクーロンポテンシャルの長距離部分が無力化される．

7.2 金属は何故安定なのか：電子間相互作用の無力化

うことは運動状態(運動量)を変えることに他ならない．これまで何度も述べたように，固体中の電子が「自由」だからといって，その運動量を容易に変化させられるわけではない．パウリの原理という制約のために変化する先の状態(準位)に空きがないとダメなのである．しかし，部分占有されたバンドにいる伝導電子はそれが可能である．フェルミ準位の近くには空いた準位がたくさんあるからである．

多くの伝導電子がある場所から離れると，その近くの電子密度が低くなる．固体中の電子は原子核の正電荷の「海」の中を動いているが，電子密度は空間的に一様なので(電子密度が空間的に偏ると量子力学的運動エネルギーを損する—古典的にはクーロンエネルギーが損するといってもよい)，どの場所でも原子核の正電荷とバランスして電気的中性が保たれている．

しかし，加わった電子によって電子密度が低くなったところでは電荷密度のバランスが崩れて相対的に正の電荷密度が高くなる．この正に帯電した領域(空間電荷)が電子の周りを取り囲むように発生する．その結果，空間的に充分離れた場所から問題の電子を見ると，電子の負の電荷が周りの正電荷により中和されて見えるのである．これが遮蔽効果である(図7-5(b))[4]．したがって，離れた位置にいる電子は加えられた電子のクーロン斥力をわずかにしか感じない．

当然のことながら，この遮蔽効果は加えられた電子だけの特別な現象ではない．すでにいる電子同志もクーロン斥力で反発しあっているのであるから，どの電子の周りにも正に帯電した空間電荷ができている．すなわち，金属中の伝導電子はその周りの空間電荷をひきずって運動しているのである．このような2つの電子の間に働くのは「裸の」クーロン相互作用 $U_0(\boldsymbol{r}) = e^2/4\pi\varepsilon_0 r$ ではなく，遮蔽された(空間電荷の衣を着た)クーロン相互作用 U である．U は次の形で表される[5]．

$$U(\boldsymbol{r}) = U_0(r)\mathrm{e}^{-\lambda r} = \frac{e^2}{4\pi\varepsilon_0 r}\mathrm{e}^{-\lambda r}. \qquad (7.5)$$

これは原子核の核力を表すポテンシャルと同じ形をしているので，湯川型ポテンシャルと呼ばれている(図7-5(c))[4]．「裸の」クーロンポテンシャルは重

力のニュートンポテンシャルと同じで$1/r$で緩やかに減少する．その影響は遠方まで及ぶので長距離力と呼ばれる．上の遮蔽されたクーロンポテンシャル$U(r)$においては指数関数の部分$e^{-\lambda r}$が遮蔽効果を表している．λの逆数が遮蔽が効く距離である．電子間の距離rがλ^{-1}より長くなると$(\lambda r>1)$相互作用は急激に弱くなる．λ^{-1}は伝導電子密度に依存する．密度が高いほど遮蔽は有効に働き遮蔽距離λ^{-1}は短くなる．伝導電子密度が$10^{22}\,\mathrm{cm}^{-3}$のときには電子間の平均距離程度(数 Å)である．したがって，金属中では，クーロン相互作用が遮蔽効果により長距離力から短距離力に変わるのである．すなわち，相互作用の長距離部分が無力化される．

フェルミ液体効果

　金属中における相互作用の無力化の第2のメカニズムがフェルミ液体効果と呼ばれるものである．これにより，遮蔽効果によって無力化しきれなかった相互作用の短距離部分も無力化される．これを考えたのはソ連(当時)の物理学者ランダウ(L. Landau)である[5]．この効果のおかげで金属が安定であること，固体中の電子が相互作用していても独立な自由粒子のように振舞えることが示された[5]．

　フェルミ液体効果の本質はパウリの原理である．「無力化テスト」に戻って，フェルミ準位E_Fからエネルギーεだけ上の準位$E_n(\boldsymbol{k})$につけ足された1つの電子の運命(寿命)をランダウは計算した．この電子の運命は，遮蔽されずに残った短距離相互作用によってフェルミ準位の下にいる電子をどのくらいフェルミ準位の上に励起できるかにかかっている．$E_n(\boldsymbol{k})$に導入された電子はその余分なエネルギーεの一部を割いてE_Fの下にいる電子を励起することになる．したがって，励起できる電子はE_Fの下のε以内の準位にいる電子だけになる．一方，導入された電子自身も他の電子を励起することに要したエネルギーを失って別の準位に移ることになるが，その準位は非占有で，E_Fの上で，かつεまでのエネルギー範囲に存在しなければならない(図 7-6)．

　このように，パウリの原理とエネルギーの制約のために，フェルミ準位のすぐ上に加えられた電子が相互作用でフェルミ準位の下にいる電子を励起する可能性は極めて低くなる．ランダウの計算では，問題の電子の寿命(τ_ε)はε^{-2}の

7.2 金属は何故安定なのか：電子間相互作用の無力化

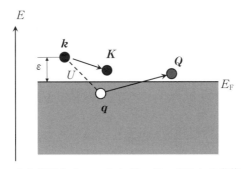

図 7-6 金属のフェルミ準位から，エネルギーが ε だけ上の準位（運動量 k の準位）に電子を 1 個導入する．電子間相互作用 (U) によりフェルミ準位の下の準位 (q) から電子が上に励起され，後に正孔を残す．導入された電子 k は電子 q とエネルギーと運動量を交換して，それぞれ K と Q という運動量の準位に移る．エネルギー保存則 [$\varepsilon(k)+\varepsilon(q)=\varepsilon(K)+\varepsilon(Q)$]，運動量保存則 [$k+q=K+Q$] とパウリの原理を考慮して，この 2 電子散乱プロセスが起こる確率を計算する．ε の準位がフェルミ準位に近づくと，このプロセスが極めて起こりにくくなることがわかる．

オーダー ($\tau_\varepsilon \sim (\varepsilon/E_F)^{-2}$ のオーダー) である．ε が微小なときには寿命は非常に長くなることがわかる[5,6]．*3

バンド理論のスキームに従い，電子をフェルミ準位の 1 つ上の準位に加えた場合を考えてみればよい（伝導帯が $N \sim 10^{22}$ 本の準位から構成されていれば $\varepsilon \sim$ 数 eV/N）．その電子が余分なエネルギーを使ってフェルミ準位の下の電子を励起しても，自らの行く先がないことがわかるであろう．フェルミ液体効果は，遮蔽しきれずに残った短距離相互作用も無力化する．その結果，金属中の電子も相互作用をしない独立粒子として振舞うことができる．

---

*3 これは $T=0$ K の結果である．有限温度 T では E_F を中心に $k_B T$ の範囲で電子が E_F の下から上に熱励起され準位に空きができる．したがって，電子の寿命は $\varepsilon \sim k_B T$ として，$\tau_\varepsilon \sim (k_B T/E_F)^{-2}$ となる．この T^{-2} に比例する τ_ε が第 4 章で触れた電子-電子非弾性散乱 τ_φ である．

7.3 金属を不安定にするもの：モット絶縁体と超伝導体

通常の金属では電子間のクーロン相互作用は前節で述べた機構により無力化される．これがバンド理論で記述される金属状態が基底状態として安定して存在できることを保障している．しかし，金属は本質的に不安定性を内に秘めている．

部分占有されているバンド(伝導帯)の底の準位が最も運動エネルギーの利得が大きい状態である．もし，この準位を多数の電子が占有することができれば，そのような状態は金属状態よりもはるかに安定な状態である．しかし，パウリの原理がそのような占有を許さない．その準位には最大2個の電子しか入れないので，他の電子は，席取りゲームよろしく，より高いエネルギー準位を占めざるを得ない．その結果，最後の電子はバンドの底から数eVも高いエネルギー準位に収容されることになる．そのフェルミ準位の電子は $v_F \sim 10^6$ m/s もの高速で動かざるを得ない．結晶中を自由に動き回ることで得した運動エネルギーを帳消しにするほどのエネルギーを損しているのである．このようなエネルギーを消耗する状態からよりエネルギーの低い状態に移ろうとするのは必然である．

モット絶縁体

金属を不安定にし，よりエネルギーの低い異なった基底状態を実現させるのも電子間の相互作用である．1つは，遮蔽効果やフェルミ液体効果が充分に機能しないほど強い斥力相互作用である．例えば，$3d$ 軌道や $4f$ 軌道からつくられるエネルギーバンドを伝導帯とするような遷移金属元素や希土類金属元素の化合物である．このような物質では斥力相互作用がまともに働くために1つのエネルギー準位を電子が二重占有できなくなる．その結果，バンド理論が破綻し，金属と予測された固体が現実には絶縁体となる．このような絶縁体をモット(N. Mott)絶縁体と呼ぶ[6,7]．

代表的なモット絶縁体は，遷移金属元素，例えば，マンガン(Mn)，鉄(Fe)，コバルト(Co)など，あるいは希土類金属元素，例えば，セリウム(Ce)，ネオジ

7.3 金属を不安定にするもの：モット絶縁体と超伝導体

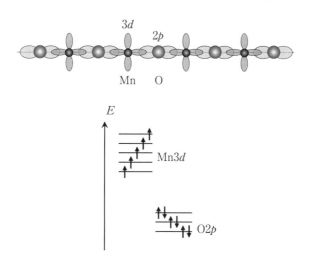

図 7-7 マンガン(Mn)原子と酸素(O)原子が交互に並ぶ仮想的なマンガン酸化物(MnO)の1次元結晶．(b)MnとOとの電気陰性度の違いから，OはMnから電子を2個奪い，それぞれO^{2-}，Mn^{2+}にイオン化する．また，Mn^{2+}の$3d$準位のエネルギーはO^{2-}の$2p$準位のかなり上に位置する．このため，MnOの価電子はMn$3d$軌道の5個の，$(3d)^5$，電子であり，これがMnO結晶の価電子帯/伝導帯を形成する．隣り合うMn原子は必ずその間にO原子が存在するので，$3d$軌道間の重なりは小さく，形成される$3d$バンドのバンド幅は狭くなる．

ウム(Nd)，の化合物(酸化物や塩化物)である[8]．これらの化合物がモット絶縁体になりやすい理由がいくつかある．話しを簡潔にするために，マンガン(Mn)と酸素(O)が交互に配列した図7-7(a)のような1次元結晶モデルを考えてみよう(実際のマンガン酸化物は，多様で複雑な結晶構造をもつ)．

（1） Mn原子の価電子配置はMn：$(3d)^7$であるが，酸化物では酸素に電子を2個渡してMn^{2+}：$(3d)^5$となる．一方，酸素はMnから2個電子をもらい負に帯電して$2s$, $2p$軌道が完全占有された閉殻をつくる，O^{2-}：$(2s)^2(2p)^6$．O$2s/2p$準位はMn $3d$準位のかなり下にあるので[6]，バンド構造において重要なのはMn $3d$軌道からつくられるバンドである(図7-7(b))．

（2） $3d$軌道は軌道角運動量$l=2$の軌道なので，$2l+1=5$本のほとんど縮重した準位からなる．$3d$軌道は最大10個の電子を収容できるので，$3d$軌道から形成されるエネルギーバンドも多くの電子($10N_a$個)を収容できる．し

たがって，バンド構造上，バンドが部分占有された金属状態をつくりやすい（$3d$ 遷移金属元素がつくる固体が金属になるのはこのせいである）．この状況はモデルの MnO 結晶でも同様である．一方で，$3d$ 軌道の波動関数は，$3s$ や $3p$ 軌道に比べ，原子核の周りの空間的拡がりが小さい（局在性が強い）．そのため，Mn 原子の同じ $3d$ 軌道（準位）に 2 個の電子が入ると，両者は強い斥力で反発しあう．このような軌道からつくられる $3d$ バンドの幅は狭くなる．

（3） モデルの MnO 結晶では，Mn 原子は O 原子を隔てて並ぶので，隣り合う，局在性の強い $3d$ 軌道の波動関数の重なりは小さくなる（図 7-7(a)）．そのため Mn $3d$ 軌道はバンド幅 W の狭いエネルギーバンドを形成する．

（4） $3d$ バンドの電子は局在性が強く電荷の遮蔽効果が弱い．$3d$ バンドの 1 準位に 2 個の電子が入った場合，原子の $3d$ 軌道上の 2 個の電子間に働く強い斥力相互作用 U が固体中でも保持される．

このような状況下ではバンド理論の金属状態は破綻しやすい．$3d$ バンドの 1 準位を電子が 2 個占有しようとしているとする．バンド理論では，両者が逆向きのスピンをもてば二重占有を許す．今の場合，この準位を電子がすでに 1 個占有しているとき，2 つ目の電子は，たとえ逆向きのスピンをもっていても二重占有しようとするとエネルギーのつけを支払うことになる．両者に働くクーロン相互作用のため，二重占有状態は一重占有に比べエネルギーが $+U$ だけ高くなってしまうのである．相互作用 U がバンド幅 W に比べ小さければ，多少のエネルギー損があっても，バンド全体として，2 個の電子を収容できて金属状態を何とか保持できるであろう．

しかし，U が W よりも大きくなると話が変わってくる．二重占有のエネルギー準位がバンドの上端の上に出てしまうので，問題の $3d$ バンドは実質的に二重占有を許さないエネルギー準位の集合になる．したがって，バンド理論上，$2N$ 個の電子を収容できるバンドであっても，各準位には実質 1 個の電子しか収容できず，N 個の電子しか収容できなくなるのである．N 個の電子に占有されたバンドの最低エネルギー準位に電子を 1 個つけ足したとしても，U だけエネルギーが必要で，$U > W$ の場合は，その電子が入れる（二重占有する）空きのある準位は問題のバンドから有限のエネルギーだけ高い位置にある（図 7-8）．すなわち，実質的なエネルギーギャップが存在して，この固体は絶

7.3 金属を不安定にするもの：モット絶縁体と超伝導体

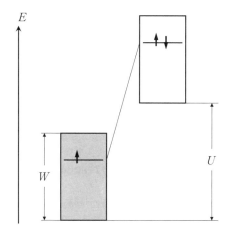

図 7-8 MnO の $3d$ バンドの電子間には強い斥力相互作用 U が働く．その $3d$ バンドの 1 つの準位を電子が 2 個占めようとすると，二重占有の準位は元の準位のエネルギーよりも U だけ高くなる．U がバンド幅 W よりも大きくなると，単占有の準位のバンドと二重占有のバンドとの間にエネルギーギャップが生じる（モットギャップ，あるいはモット-ハバードギャップと呼ばれる）．これが MnO 結晶を（モット）絶縁体にする．

縁体になる．これがモット絶縁体である[*4].

モット絶縁体は何故絶縁体なのか，実空間で考えるとわかりやすい（図 7-9 (a)）．再び，1 次元の MnO 結晶モデルで説明する．電子はスピンの向きを表す矢印で示す．Mn 原子サイトには $3d$ 軌道のどの準位にも単独で占有する電子が 1 個存在する（$(3d)^5$ という Mn^{2+} イオンの電子配置のため，Mn の 5 本の準位はすべて同じ向きのスピンをもつ電子で単占有されている．これは $3d$ 軌道内の電子間に働くフント規則と呼ばれる相互作用のためである[6,7]）．したがって，図では Mn の $3d$ 軌道を 1 本だけで表した．一方，O 原子サイトでは $2p/2s$ バンドのどの準位も二重占有されているので 2 個の電子がスピン

[*4] 電子に（一重に）占有されたバンドは下部ハバード (lower Hubbard) バンド，その上の二重占有準位からなるバンドを上部ハバード (upper Hubbard) と呼ぶ．これに対応して，両者の間のエネルギーギャップはモット-ハバードギャップと呼ばれる．

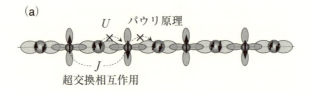

図 7-9 （a）モット絶縁体 MnO の実空間描像．O2p 軌道はすべて二重占有されており，あらたな電子の占有をパウリの原理が許さない．Mn の単占有 3d 軌道にもう 1 個電子が加わると，大きな相互作用エネルギー U を損するので，結局，電子はどこにも移動することができず絶縁体になる．Mn 原子に局在したスピン磁気モーメントは，間の O 原子を介して，隣の Mn スピンとの間に超交換相互作用が働くため反強磁性整列する．（b）Mn サイトへの正孔ドーピング．ドーピングにより電子は，単占有された一番上の Mn3d 軌道から取り去られる．その結果，1 つの Mn サイトから電子がいなくなるので，そこへ向けて，隣の O 原子にいる電子が移動できることになる．今度は，O 原子の 2p 軌道に電子のあきができ，隣の Mn 原子の 3d が移動できることになる．このようなプロセスを続けることにより，電子の遍歴が可能になる．

の向きを逆にして座っている．電子間の斥力相互作用が無力化されていれば，Mn サイトの問題の準位に 1 つ空きがあるので，例えば，その左隣の O 原子にいる電子がそこに移ることができる．すると，今度は，その O サイトの準位に空きができて，そこに左隣の Mn サイトの電子が移ってくる．この結晶では，このようなプロセスを続けることによって電子が結晶中を移動できる．これが，実空間で示す金属のバンド描像である．すなわち，バンド理論では，この MnO 結晶は金属である．

実際は，これまで述べたように，Mn サイトの準位は強い斥力 U のために電子の二重占有が困難である．さらに，電子が相互作用の弱い（U が小さい）O サイトに移ろうとしても，すべての準位がすでに二重占有されていて，パウリの原理がそれを禁止する．その結果，電子は，あらゆる移動が禁止されて動け

7.3 金属を不安定にするもの：モット絶縁体と超伝導体

なくなるのである．これが，モット絶縁体の実空間描像である．

Mnサイトの各準位には相手をもたない電子が1個孤立している．したがって，その電子がもつ電子のスピン磁気モーメントは打ち消されずMn原子に局在している．このため，一般に，モット絶縁体は磁性体でもある．さらに，Mn原子に局在する磁気モーメントは隣のMn原子の磁気モーメントと磁気的な相互作用をする（交換相互作用）．MnOの場合，Mnは必ずO原子をはさんで隣り合っているので，Mnに局在したスピン（磁気モーメント）の間には，酸素原子を介した反強磁性交換相互作用（超交換相互作用）が働く．超交換相互作用によりMnOのスピンはある温度（ネール（Néel）温度T_N）以下で，隣り合うMnサイトのスピンが上，下向きに交互に並ぶ反強磁性秩序を示す（図7-9（a））[6,7]．

モット絶縁体へのドーピング

半導体と同様，モット絶縁体もドーピングにより金属に変えることができる．例えば，モット絶縁体の実空間描像において，Mnサイトの1準位に孤立している電子をドーピングによって取り去るとする（正孔ドーピング）．その準位は非占有になり他のサイトからの電子の移動が可能になる（図7-9（b））．モット絶縁体へのドーピングで実現した金属は，通常の（バンド理論の）金属とは大きく異なった物性，電気伝導を示す．7.1節で述べたように，電子-フォノン相互作用の強い金属では，高温でフォノンによるキャリアの散乱が激しくなる．その結果，$k_F l > 2\pi$の関係を満たせなくなり電気抵抗は飽和する．これに対して，多くのドーピングされたモット絶縁体では，電子間相互作用が強いままなので，電子同志が互いに激しく散乱しあって平均自由行程lが極めて短くなる．このとき容易に$k_F l < 2\pi$となってしまうのであるが，電気抵抗は温度上昇とともに飽和せず増加し続ける[8]（図7-10）．そのメカニズムは未だ充分には解明されていない．この金属状態は「奇妙な金属」あるいは「悪い金属」という名前で呼ばれている[9]．

通常の金属が低温で不安定になり超伝導状態に転移するのと同様，「奇妙な金属」も温度を低下させると不安定になり，別の状態に移行する．物質によって移行する状態は違うが，マンガンMn酸化物では強磁性金属が，銅Cu酸化

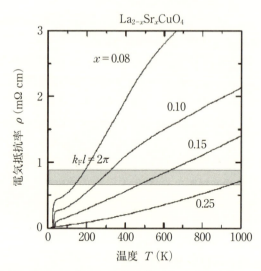

図 7-10 正孔をドーピングしたモット絶縁体，$La_{2-x}Sr_xCuO_4$，の電気抵抗率の温度依存性[9]．この物質は代表的な高温超伝導体である．モット絶縁体の La_2CuO_4 の La の一部を Sr に置換することにより正孔がドーピングされる．電子のフォノンによる散乱が強い金属(図 7-1 の Nb や Nb_3Sb)と違って，電気抵抗率は，$k_F l < 2\pi$ となっても飽和せず，温度上昇とともに増加し続ける．

物では超伝導が実現する．これらの状態は，多くの場合，驚くべき特性を示す．強磁性状態で電気抵抗が何桁も減少する(巨大磁気抵抗現象と呼ばれている)．超伝導が実現することも驚くべきことである．もとがモット絶縁体なので，電子間に働く主な相互作用は斥力である．にもかかわらず，「奇妙な金属」から生まれる超伝導は，通常の金属が示す超伝導より1桁以上高い温度で実現するのである(高温超伝導)．高温超伝導は，次項および第8章で述べる通常の超伝導とは異なる機構で実現すると考えられている．

超伝導

金属を不安定にする，より一般的な相互作用は電子間の引力である．斥力の場合とは違い，引力はそれがどんなに弱くても金属状態を破綻させる．引力による不安定性の結果生ずるのは超伝導状態である．超伝導の詳細は第8章で述

7.3 金属を不安定にするもの:モット絶縁体と超伝導体

べるとして，ここでは引力相互作用がいかに金属を不安定にするかを議論する．

$-e$ という同じ符号の電荷をもった電子の間に引力が働くというのは不思議なことであるが，固体(金属)中では，結晶格子の振動(フォノン)を介して普遍的に働く相互作用である．もちろん，電子間のクーロン斥力が主要かつ基本的な相互作用である．しかし，この章で議論したように，遮蔽効果やフェルミ液体効果により金属中では無力化され，非常に弱くなっている．それゆえ，何らかの機構で電子間に引力相互作用が働くと，その強さが斥力を上回ることが多くの金属で起こるのである．

金属中で電子間引力が支配的になり，それが金属を不安定にすることに気が付いたのは，バーディーン，クーパー，シュリーファー(J. Bardeen, R. A. Cooper, J. R. Schrieffer)の3人である．超伝導のBCS理論はこの3人によって打ち立てられた[10]．その基本的な考え方も，先に述べた相互作用の無力化テストにある．

伝導帯をフェルミエネルギー E_F まで電子が占有している金属状態から出発する．今度は，E_F の上の非占有の準位に電子を2個つけ足したとき何が起こるかを見るのである(図7-11(a))．斥力相互作用は充分に無力化されている状況で，この2個の電子の間に微弱でも引力が働いているとしよう．2個の粒子が引力相互作用で束縛状態(対)をつくるか否か，今の場合は決して自明なことではない．問題の2個の電子は両者とも $v_F \sim 10^6$ m/s の高速で動いていて，しかも両者に働く引力は微弱だとすると，古典力学でも量子力学でも，v_F に対応する数 eV の運動エネルギーをもった粒子が meV オーダーの(他方の粒子がつくる)引力ポテンシャルに捕らえられることはあり得ない．この問題が2個の電子の「2体問題」ではなく，多くの電子を巻き込んだ多体問題であることに注目し，実際，引力が微弱でも2個の電子の間に束縛エネルギー Δ の束縛状態ができることを示したのがBCSの一人のクーパー(Cooper)であった[11]．フェルミ液体効果の電子間相互作用への影響を議論したときと同様，2個の電子以外にも膨大な数の電子がフェルミ準位 E_F の下に存在するのである(図7-11(b))．これらの電子の存在がパウリ原理を通して問題の2個の電子の間の相互作用に大きな影響を与える．すでに見たように，この効果は，電子

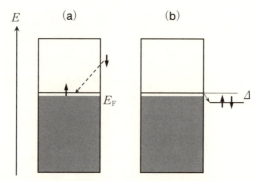

図 7-11 （a）金属のフェルミ準位の上の非占有準位に逆向きのスピンをもつ電子を 2 個加える．（b）この 2 個の電子の間に引力相互作用が働くと，それがどんなに弱くても，2 電子は束縛状態をつくることがクーパーにより示された[8]．二重占有の準位は単占有の場合よりエネルギーが下がることになり，バンド理論の前提が破綻することになる．

間の短距離クーロン斥力相互作用を無力化する．それとは対照的に，引力相互作用は逆に増強され，2 電子の束縛状態が形成されることがクーパーにより示された．

　引力相互作用が有効に働くとき，フェルミ準位の上の準位につけ足された 2 個の電子は束縛状態（束縛エネルギー Δ）をつくり電子対となる．斥力の場合とは逆に，2 電子準位（2 個の電子に占有された準位）は 1 電子準位よりエネルギーが Δ だけ下がることになる．このことは，すでにバンド理論のスキームの破綻を意味している（図 7-11（b））．

　フェルミ準位 E_F の上の 2 電子に引力相互作用が働くのであれば，E_F そしてそのすぐ下の準位にいる 2 個の電子の間にも引力が働かないわけがない．したがって，この 2 個の電子も束縛状態をつくり得る．当然，さらに下の準位でも状況は同じである．このように，引力相互作用は，多数の電子が対をつくる金属状態よりエネルギーの低い状態を創出することを可能にする．その結果として現実に生み出される状態が超伝導である．第 8 章で述べるように，超伝導状態は単なる電子対の集合体ではない．電子対形成と同時に，すべての電子対の量子力学的位相も揃うコヒーレント状態が超伝導を示すのである．

参考文献

専門的ではあるが，飽和電気抵抗の詳細なレビューは，
[1]　O. Gunnarsson, M. Calandra, and J. E. Han, Rev. Mod. Phys. **75**, 1085 (2003).
[2]　S. A. Kivelson による解説, online.kitp.ucsb.edu/online/adscmt11/kivelson/pdf/Kivelson_AdScmt_KITP.pdf.

アンダーソン局在に関する参考書，
[3]　福山秀敏,「アンダーソン局在」, 物理学最前線 2, 共立出版 (1983).
[4]　例えば, D. Pines, "Elementary excitations in solids", W. A. Benjamin, Inc. (1965).
[5]　L. D. Landau and E. M. Lifschitz, "Statistical Physics" in Course of Theoretical Physics, vol. 5, Pergamon (1958). 邦訳, 小林秋男, 小川岩雄, 富永五郎, 浜田達二, 横田伊佐秋,「ランダウリフシッツ理論物理学教程, 統計物理学」, 岩波書店 (1966).

強い電子間相互作用 (強電子相関) の効果を議論した参考書は，
[6]　藤森淳,「強相関物質の基礎」, 材料学シリーズ, 内田老鶴圃 (2005).
[7]　斯波弘之,「電子相関の物理」, 岩波書店 (2001).
[8]　K. Takenaka, J. Nohara, R. Shiozaki, and S. Sugai, Phys. Rev. B**68**, 134501 (2003).
[9]　N. E. Hussey, K. Takenaka, and H. Takagi, Phil. Mag. **84**, 2847 (2004).
[10]　J. Bardeen, L. N. Cooper, and J. R. Schrieffer, Phys. Rev. **108**, 1175 (1957).
[11]　L. N. Cooper, Phys. Rev. **104**, 1189 (1956).

第 8 章
超伝導

　第 7 章で述べたように，通常，超伝導は金属が電子間の引力相互作用による電子対形成に対して不安定になることから生じる．引力相互作用は結晶格子の振動，フォノン，が媒介する．その意味では，すべての固体金属は低温で超伝導状態に変化し得るのである．

　超伝導は電気抵抗がゼロになる状態であるが，これまで議論してきた電気伝導とは全く別の現象である．超伝導電流は電子によって運ばれるが，超伝導状態の電子はクーパー対と呼ばれる電子対を形成する．電気抵抗がゼロになるということは，金属中の電子のようにクーパー対が不純物などに散乱されながらドリフトして電流を運んでいるわけではない．かといって，メゾスコピック系のバリスティック伝導のように不純物を避けて移動しているわけでもない．その本質はマイスナー効果といってよい．マイスナー効果は，磁気浮上で知られているように，超伝導体から磁場を排除する作用である．したがって，超伝導体は完全反磁性体でもある．

　ゼロ抵抗，マイスナー効果以外にも超伝導が示す驚くべき特性がある．ジョセフソン効果と磁束の量子化である．これらはすべて超伝導状態の電子対の位相がマクロなスケールで揃っていて，コヒーレントになっていることから起こる[1,2,3]．

　引力相互作用による電子対形成，そしてマクロな位相コヒーレンスは，より広い物理学の枠組みから見れば，「ゲージ対称性の破れ」による帰結である．超伝導は対称性の破れた状態であるので，対称性の破れていない金属状態（正常状態）から 2 次の相転移で移行する．相転移温度が超伝導の臨界温度 T_c である[1,2,3]．

8.1 引力の起源とクーパー対

通常の金属においては格子振動(フォノン)が電子間の引力相互作用を媒介する．金属中では，負の電荷をもった電子が，正の電荷の原子核(イオン)が規則的に並んだ結晶格子の上を高速で運動している．ある瞬間，電子が結晶格子のある地点にいたとする．その電子の近くのイオンは電子の負電荷に引きつけられ格子点(格子の平衡位置)から移動する(図8-1)．時間が経てばイオンはもとの格子点に戻るであろう．戻るまでの時間は格子振動(フォノン)周波数Ω_0の逆数$1/\Omega_0$の程度である($\hbar\Omega_0$はmeV程度のエネルギーに相当するので，戻りの時間$1/\Omega_0$は$\sim 10^{-12}$sと見積もられる)．しかし，フェルミ準位近くの電子の速度v_Fは大きいので，イオンがもとの位置に戻る前に電子はその場から立ち去っている($v_F \sim 10^6$ m/s とすれば 10^{-12} s の間に電子は 10^{-6} m $= 10^4$ Å も進むのである)．そのため問題の地点には，しばらくの間，正に帯電した領域がつくられ，別の電子を引きつけることになる(図8-1)．正に帯電した領域は最初の電子によってつくられたものなので，結果的に，2個の電子の間に引力が働くのである．この瞬間的ではなく時間遅れで働く相互作用を「遅延相互作用」という(電子間に上記のような遅延引力が働くために必要な条件は

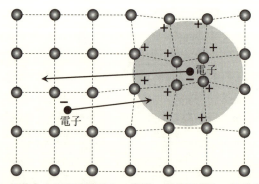

図8-1 フォノンが媒介する電子間引力の説明．電子が高速で運動するため，動きの遅い原子(格子)がそれに追いつけない(ミグダル(Migdal)条件，あるいは遅延効果という)というのがポイントである．

8.1 引力の起源とクーパー対

$E_F \gg \hbar\Omega_0$ ということになる(ミグダル(Migdal)条件という). 通常の金属ではE_F が数 eV であることから,この条件は問題なく満たされる).金属中の電子間にはフォノンを介した引力相互作用が必ず働いていることがわかる.電子による局所的な格子変形が大きいほど,引力相互作用は強くなる.これは,電子-フォノン相互作用が大きいほど引力が強くなると言い換えることができる.

第7章で説明したように,電子間の引力が斥力を上回れば,それがどんなに弱くとも,金属状態が不安定になり超伝導状態に転移する.より安定な(高いT_c をもつ)超伝導状態を実現するためには引力相互作用ができるだけ強いことが望ましい.しかしながら上記の引力は本質的に弱い相互作用である.まず,引力が働くのは正に帯電した格子上の狭い限られた空間である.クーロン相互作用のように2個の電子が遠く離れていても働く力ではなく,電子が,時間遅れがあるにせよ,互いに接近しなければ働かないのである(短距離力).また,イオンが格子点を離れている間しか働かない力なので,温度が上昇して格子の熱振動が盛んになるとすぐ消滅してしまう力でもある.超伝導が極低温現象であるといわれてきたのは後者の理由からである.

短距離力を有効に働かせるためには,2つの電子が接近し得る状態であることが必要になる.それぞれk と k' という結晶運動量をもつ2個の電子が短距離引力で束縛状態の対をつくるには$k' = -k$ のときが最も有効である(電子が逆向きに運動するとき出会う確率は最も高くなるであろう).さらに,パウリの原理から,2個の電子が同じ空間領域を占めるには互いに逆向きのスピン量子数をもっていることも必要である.実際,$(k\uparrow, -k\downarrow)$ という電子対形成が超伝導状態におけるエネルギー利得を最大にすることが理論的に示されている[4].

$(k\uparrow, -k\downarrow)$ という電子対の運動量は $k+(-k)=0$ であり,その重心が静止した状態である.古典的な粒子描像で,一方の電子から他方の電子を見れば,一直線に接近したり,遠ざかったりして振動運動をしていることになる(速度 v と相対的位置ベクトル r が平行).電子の周りをもう1つの電子がぐるぐる回っている(速度 v と相対的位置ベクトル r が垂直)というイメージとは違っている.v と r は平行なので,電子対は角運動量 $l = mv \times r = 0$ の状態,量子力学では角運動量量子数 $l=0$ の s 波状態にある(s 波電子対).量子

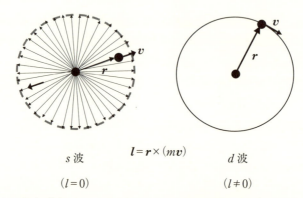

図 8-2 通常の超伝導体での s 波クーパー対と銅酸化物高温超伝導体における d 波クーパー対の実空間での古典的描像. 実際は, 量子力学の支配する世界なので, クーパー対の波動関数は, 原子の s, d 軌道のように空間変化する.

力学の不確定性原理がこの場合も働く. 角運動量の定まった状態 ($\Delta l = 0$) ではその運動方向の不確定性が ∞ になる. $l = 0$ で確定した s 波電子対の振動運動はあらゆる方向 (立体角 4π の全方向) を向いていることになる (**図 8-2**). これは原子核に束縛された s 軌道電子と同じである*[1].

さまざまな k の s 波電子対 ($k\uparrow, -k\downarrow$) が多数, その波動関数の位相を含めて, 同じ量子状態を占有するのが超伝導である. このような位相の揃った電子対を**クーパー対**と呼ぶ. フェルミ粒子である電子が 2 個対を組めばボーズ粒子として振舞うであろう. フェルミ粒子と違ってボーズ粒子は同じ量子状態を

---

*[1] 銅酸化物高温超伝導体では電子間に働く斥力相互作用が大きく, フォノンを媒介とする引力ははるかに弱い. この場合, s 波 ($l = 0$) クーパー対をつくると, 2 つの電子の接近を許し, 大きな斥力が電子間に働いてしまう. そのため, 電子は互いに一定の距離を保ちながら, 一方が他方の周りを回る形で対をつくることになる. 図 8-2 に示すように, これは $l \neq 0$ のクーパー対である. 銅酸化物では $l = 2$ (d 波) のクーパー対ができていることが確定している. d 波クーパー対がほとんどフォノンの助けを借りず, 電子同志の相互作用によってつくられことは, 疑いの余地がない. フォノンの代わりとして磁気励起が充分な強さの引力を媒介できるのか, あるいは, 斥力だけでもクーパー対が形成されるのか, 未解決な問題である[5].

8.1 引力の起源とクーパー対

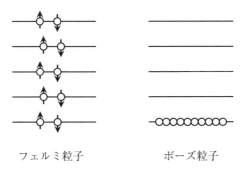

フェルミ粒子　　　　　ボーズ粒子

図 8-3 フェルミ粒子とボーズ粒子の低温におけるエネルギー準位の占有状況（統計性という）．

何個でも占有できる．マクロな数のボーズ粒子が同じ状態を占有することをボーズ凝縮という（**図 8-3**）．大雑把にいえば，超伝導は電子対がボーズ凝縮した状態である．よく知られたボーズ粒子は，中性子と陽子2個ずつからなる原子核をもつヘリウム原子（^{4}He）である．液体ヘリウムが $T=2.1\,\mathrm{K}$ で超流動を示すのは ^{4}He 原子がボーズ凝縮するためである．超伝導も超流動も本質は同じ現象であるが，前者は電荷をもった粒子，後者は中性の粒子が起こす現象である．通常のボーズ凝縮では，凝縮温度 T_c の上からボーズ粒子が存在する．超伝導ではボーズ粒子の形成と凝縮が同じ超伝導臨界温度 T_c で起こるのである．これを BCS 凝縮といってボーズ凝縮と区別することもある．

クーパー対は電子間の引力がもたらす束縛状態である．引力は弱いので，その束縛エネルギー $\varDelta$ は，通常，meV のオーダーである．束縛エネルギーは，また，クーパー対を解離させるに必要なエネルギーでもある（$\varDelta$ は正常金属状態のフェルミ準位から測ったエネルギーで，クーパー対の解離には $2\varDelta$ エネルギーを必要とする）．例えば，光（$\hbar\omega>2\varDelta$ のフォトン）を照射してクーパー対を1個，または少数，壊したとき何が起こるであろうか？　マクロな数のクーパー対が解離しなければ超伝導状態が壊れることはない．また，光を消せば，解離した「準粒子」は再結合して，すぐまたクーパー対に戻る．クーパー対は元の正常状態の2個の電子に解離するのではなく，クーパー対の名残りをもった「準粒子」と呼ばれるものになるのである（**図 8-4**）[6]．$2\varDelta$ は1個のクーパー対を2個の準粒子に分解するためのエネルギーである．（準粒子のいない）

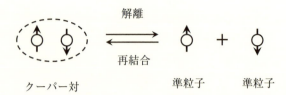

クーパー対　　　　　　準粒子　　準粒子

図 8-4　超伝導状態の個々のクーパー対は，照射された周波数 ω の光から，あるいは温度 T の熱浴からエネルギーギャップより大きなエネルギー（それぞれ，$\hbar\omega$ と $k_\mathrm{B}T$）をもらい，2 個の準粒子に解離する．これは，他の大多数のクーパー対は影響を受けず，超伝導状態が保持されている場合である．光を消せば，準粒子は再結合して元のクーパー対に戻る．また，温度 T の熱平衡状態では，解離する準粒子と再結合するクーパー対の数のバランスが保たれる．強い光照射，$T > T_\mathrm{c}$ の熱浴にさらされ，超伝導状態が壊れた場合は，元の電子に戻る．

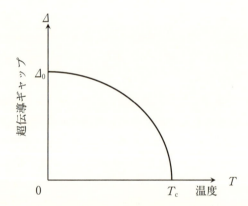

図 8-5　超伝導ギャップの温度変化．充分低温（$T \ll T_\mathrm{c}$）では，熱励起された準粒子の数はわずかで，ギャップの大きさはほとんど影響を受けない．ある程度温度が上昇すると，準粒子が多数励起され，超伝導ギャップの大きさは減少し，T_c でゼロになる．

基底状態から準粒子を励起するために必要なエネルギーという意味で，$2\varDelta$ を超伝導ギャップという．

　温度を上昇させた場合も熱浴からの熱エネルギー（$\sim k_\mathrm{B}T$）でクーパー対は解離し，準粒子が励起される．充分低温（$T \ll T_\mathrm{c}$）では励起される準粒子の数

も少なく，超伝導状態はほとんど影響を受けない．しかし，温度が T_c に近づくと，励起される準粒子の数が増えるとともに超伝導ギャップもまた小さくなる．超伝導ギャップが小さくなると準粒子の数はさらに増え，T_c でギャップはゼロになる（図 8-5）．超伝導ギャップの大きさ超伝導秩序の「強さ」を表している（超伝導の秩序パラメーターとなる）．引力，したがって，電子-フォノン相互作用が弱いときは，超伝導ギャップの大きさと T_c との間には，$2\Delta = 3.5 k_B T_c$ の関係が成立する（BCS の関係式）．一般に，大きな超伝導ギャップをもつ超伝導体の T_c は高いといえる．

8.2 マイスナー効果（完全反磁性）

最初に掲げたように，超伝導状態の他に類を見ない特性は，（1）マイスナー効果，（2）ゼロ抵抗，（3）ジョセフソン効果，（4）磁束量子化，である．これらはすべて，ミクロな世界を記述する量子力学の現象がマクロな固体に現れたものである．それぞれが何を意味するか，そして互いにどのような関係にあるかを説明する．

マイスナー効果は超伝導の最も基本的かつ本質を表す特性である．マクロな電磁気学（古典電磁気学）における磁性に関する物質関係式，$\boldsymbol{B} = \mu_0(\boldsymbol{H} + \boldsymbol{M})$ で表現すれば，超伝導は，磁場に対して $\boldsymbol{M} = -\boldsymbol{H}$ すなわち $\boldsymbol{B} = 0$ という応答を示す現象である．ここで，$\boldsymbol{B}$, $\boldsymbol{H}$ は物質中の磁場を，$\boldsymbol{M}$ は磁場によって誘起される物質の磁化を表す．通常，磁化 $\boldsymbol{M}$ は磁場 $\boldsymbol{H}$ に比例する，$\boldsymbol{M} = \chi_m \boldsymbol{H}$．$\chi_m$ は帯磁率で，物質の磁気分極の大きさの指標となる．$\boldsymbol{M} = -\boldsymbol{H}$ すなわち $\chi_m = -1$ というのは，磁場 $\boldsymbol{H}$ によって物質がそれを完全に打ち消すように磁化するという完全反磁性を意味する．その結果，超伝導体内部では磁場 $\boldsymbol{B}$ がゼロになる．$\boldsymbol{B}$ は磁束密度と呼ばれる磁場で，超伝導状態では磁束が排除されるというマイスナー効果につながっている（図 8-6）．

マクロな電磁現象として，このようにマイスナー効果を表現することはできるが，その本質は記述できていない．何よりも，マクロな世界では2種類の磁場 $\boldsymbol{B}$, $\boldsymbol{H}$ があり，完全反磁性で磁場 $\boldsymbol{B}$ がゼロになっても，もう1つの磁場 $\boldsymbol{H}$ が超伝導体中に存在してもかまわないことになってしまう．ミクロな世界で

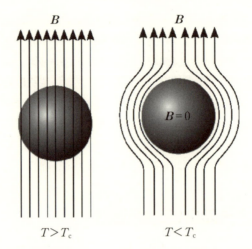

図 8-6 マイスナー効果の概念図. $T > T_c$ の正常(金属)状態で金属内部に侵入していた磁場(磁束)が超伝導状態($T < T_c$)で内部から排除される現象. 超伝導状態の金属に磁場をかけると,超伝導体は容易に磁場の侵入を許さない(この現象は,磁場の「遮蔽効果」と呼ばれる).

は,もちろん磁場は 1 つである.ミクロな磁場を h で表す.この h とつながっているのは B という磁場である.マクロな磁場 B は,h を時間,空間平均したものである[3].$B = \langle \overline{h} \rangle$,$\langle \ \rangle$ は空間平均を,"¯" は時間平均を表す.ミクロな世界がマクロな世界に顔を出す超伝導では B が唯一かつ本当の磁場である.

マイスナー効果がいかに特異な現象であるかは,正常(金属)状態の磁場に対する応答と比較するとわかる.金属は「自由」電子の集団である.そこに外部から磁場をかけると,電子はローレンツ力を受け回転運動する.この回転運動に伴う回転電流がつくる磁場は,外部磁場とは逆向きである.これが外部磁場を打ち消すかというと,そうではない.すでに述べたように,パウリの原理のために磁場に応答できる(磁場によって励起できる)電子は,フェルミ準位の近傍の $\hbar\omega_c (= \hbar eB/m^*)$ の範囲の準位を占有する少数の電子だけなのである.フェルミエネルギーを E_F ($\sim$ 数 eV)とすれば,$\hbar\omega_c$ は高々 meV なので,伝導電子全体の $(\hbar\omega_c/E_F)^2 \sim 10^{-6}$,百万分の一の電子だけが磁場に応答できる.

8.2 マイスナー効果(完全反磁性)

そのため金属の磁化は極めて小さく,帯磁率は $\chi_m \sim 10^{-6}$ に過ぎない.完全反磁性 $\chi_m = -1$ がいかに大きな磁性で,電子(電子対)が全体で磁場に応答していることが推察できるであろう. $\chi_m \sim 10^{-6}$ なので,金属内部の磁場は外部の磁場とほぼ等しくなる.磁場が何の変化も受けず金属に侵入できるのである.

マイスナー効果は,マクロな世界にも現れる電磁気現象なので,古典的電磁気学(マックスウェル方程式)を使って記述できないかと考えるのが自然である.しかしながら,多くの試みの結果,行きついた方程式(ロンドン方程式)は不思議な形をしたものである.

$$\boldsymbol{j}_s = -\frac{N_s Q^2}{m}\boldsymbol{A} \tag{8.1}$$

$\boldsymbol{j}_s$ は超伝導体を流れる超伝導電流密度, $\boldsymbol{A}$ はベクトルポテンシャル, Q, N_s は,それぞれ荷電粒子の電荷とその数密度である.マクロに見れば,磁場によって超伝導体を流れる電流が誘起され,それが超伝導体内部の磁場を打ち消すことになる.しかもこの電流は磁場がある限り減衰せず流れ続ける[*2].

[*2] 当時は超伝導のメカニズムが未解明であったためこのような荷電粒子を想定したが,BCS理論では, $Q = -2e$, N_s はクーパー対の密度となる.ロンドン方程式がマイスナー効果を記述していることは両辺の微分(回転 $\nabla\times$, rot あるいは curl とも表現される)をとればわかる.

$$\nabla \times \boldsymbol{j}_s = -\frac{N_s Q^2}{m}\nabla \times \boldsymbol{A} \tag{8.2}$$

右辺の $\nabla \times \boldsymbol{A}$ は磁場 $\boldsymbol{B}$ であり,左辺の $\nabla \times \boldsymbol{j}_s$ はマックスウェルの方程式の1つ,

$$\nabla \times \frac{\boldsymbol{B}}{\mu_0} = \boldsymbol{j}_s$$

を使えば,磁場 $\boldsymbol{B}$ に対する偏微分方程式が得られる.

$$\nabla^2 \boldsymbol{B} - \frac{\mu_0 N_s Q^2}{m}\boldsymbol{B} = 0 \tag{8.3}$$

この方程式が $\boldsymbol{B} = 0$ という解をもつことはすぐわかる.境界条件を考慮すれば,超伝導体表面を除き,内部では $\boldsymbol{B} = 0$ というのが方程式の解になる.磁場は表面から $(N_s Q^2/m\varepsilon_0)^{-1/2} c (= \lambda_L)$ 程度の深さまで侵入している(図8-7(a)). λ_L は磁場侵入長あるいはロンドン長と呼ばれる長さであり,通常の超伝導体では100-1000 Å という短い長さである.

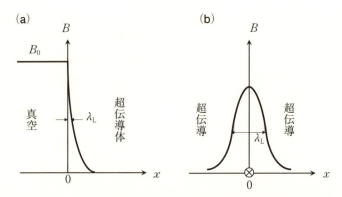

図 8-7 （a）第1種の超伝導体では，内部の磁場は排除されてゼロであるが，表面からロンドン長 λ_L 程度までは磁場が侵入したままである．内部の磁場を排除するのは，この表面を流れる超伝導電流である．（b）第2種の超伝導体の場合は，磁場は磁束（ボルテックス）として内部に留まることができる．磁場が存在するのは磁束の中心から λ_L の範囲までである．この場合，磁束を保持しているのは磁束を囲む λ_L の領域を流れる超伝導渦電流である．

ロンドン方程式の奇妙さは，ベクトルポテンシャル A がそのまま観測可能な物理量として表に出ていることにある．古典電磁気学の世界では，A は磁場 B をつくるポテンシャルであり，その空間微分だけが物理的意味をもつ．また，一般に，ポテンシャル量は確定した絶対値をもたない．電場 E をつくる静電ポテンシャル φ は，r によらない定数 φ_0 だけずらしても同じ電場 E をつくる．ベクトルポテンシャルも同様に，

$$A' = A + \frac{\hbar}{e}\nabla\theta \tag{8.4}$$

という変換（古典ゲージ変換．ゲージとは物差しの意味である）に対して同じ磁場をつくり出す（θ は r の関数のスカラー量，$(\hbar/e)$ は次元を合わせる係数であるが，このゲージ変換は後で示すように，量子力学ゲージ変換とつながる），

$$B' = \nabla \times A' = \nabla \times A + \frac{\hbar}{e}\nabla \times (\nabla\theta) = B + \frac{\hbar}{e}\nabla \times (\nabla\theta)$$

$\nabla \times (\nabla\theta)$ は必ずゼロになるので $B' = B$ である．古典世界での A は $\nabla\theta$ の不確定さをもった量である．ロンドン方程式の左辺 j_s は電流密度という観測

8.2 マイスナー効果(完全反磁性)

可能な確定した量である．両者が結びつくことは古典世界ではあり得ない．

　ロンドン方程式は現象論的に導かれたものであるが，その奇妙な形は，超伝導が，1)量子力学が支配する現象であり，2)ゲージ対称性(ゲージ変換に対する不変性)が破れた世界であることを示唆している．2)は，超伝導状態ではベクトルポテンシャル A がゲージ変換 $(\hbar/e)\nabla\theta$ の不定性をもたない量となっていることを意味する．また，電流密度(超伝導電流密度)は，前章までに議論してきた(古典的な)電流ではなく，量子力学の電流と捉えるべきものであることがわかる．

　量子力学電流は，確率振幅(波動関数)の流れである．量子力学電流密度 j は荷電粒子の波動関数を ϕ として次の式で与えられる[7]．

$$j = -\frac{\hbar Q}{2im}[\phi^*\nabla\phi - (\nabla\phi)^*\phi] \tag{8.5}$$

今，計算しようとしているのは，絶対零度 $(T=0\,\mathrm{K})$ で N_s 個のクーパー対が運ぶ電流密度 j_s である．

$$j_\mathrm{s} = -\frac{\hbar Q}{2im}[\Psi_0^*\nabla\Psi_0 - (\nabla\Psi_0)^*\Psi_0]$$

磁場ゼロのとき，N_s 個のクーパー対の多体波動関数 Ψ_0 は BCS 理論で与えられる．Ψ_0 は超伝導電流の流れていない状態なので，

$$j_\mathrm{s} = -\frac{\hbar Q}{2im}[\Psi_0^*\nabla\Psi_0 - (\nabla\Psi_0)^*\Psi_0] = 0. \tag{8.6}$$

8.1 で述べたように，超伝導基底状態では，すべてのクーパー対の重心は静止しているので，外部から磁場などの摂動を加えない限り電流は流れていない．したがって，$j_\mathrm{s}=0$ となる．

　では，磁場 B (ベクトルポテンシャル A)をかけたとき，どのような電流が流れるであろうか？　外場(摂動)が加わったのであるから，BCS 波動関数 Ψ_0 は Ψ に変化するであろう．また，量子力学では，微分演算子 ∇ は $[\nabla - (iQ/\hbar)A]$ に置き換わる．その結果，

$$\begin{aligned}j_\mathrm{s} &= -\frac{\hbar Q}{2im}\left[\Psi^*\left(\nabla - \frac{iQ}{\hbar}A\right)\Psi - \left(\left(\nabla - \frac{iQ}{\hbar}A\right)\Psi\right)^*\Psi\right]\\ &= -\frac{\hbar Q}{2im}[\Psi^*\nabla\Psi - (\nabla\Psi)^*\Psi] - \frac{Q^2 A}{m}\Psi^*\Psi.\end{aligned} \tag{8.7}$$

磁場によって Ψ_0 がどう変形するかが問題である．磁場が弱いとし，したがって，小さな摂動 $\mathcal{H}'$ が加わったとき，一般に，

$$\Psi \simeq \Psi_0 + \sum_i \left(\frac{\langle \Psi_0 | \mathcal{H}' | \Psi_i \rangle}{E_i - E_0} \right) \Psi_i \tag{8.8}$$

摂動 $\mathcal{H}'$ によって励起エネルギー E_i の状態 Ψ_i が基底状態 (E_0, Ψ_0) から励起されたとする．超伝導体の励起状態 Ψ_i はクーパー対を準粒子に解離させることでつくられる（図8-4）．しかし，すでに述べたように，準粒子の励起には超伝導ギャップに相当する有限のエネルギーが必要である $(E_i - E_0 \gtrsim 2\Delta)$．それゆえ，摂動（磁場）が弱いときには準粒子を励起できないので波動関数は変形しないのである．したがって，$\Psi \simeq \Psi_0$ となる．超伝導の基底状態は超伝導ギャップによって外場から保護されているといってよい[8]．

$\Psi \simeq \Psi_0$ とすると電流密度 $\boldsymbol{j}_s$ は，

$$\boldsymbol{j}_s = -\frac{\hbar Q}{2im} [\Psi_0^* \boldsymbol{\nabla} \Psi_0 - (\boldsymbol{\nabla} \Psi_0)^* \Psi_0] - \frac{Q^2 \boldsymbol{A}}{m} \Psi_0^* \Psi_0. \tag{8.9}$$

第1項は磁場がゼロ $(\boldsymbol{A}=0)$ の場合と同じでゼロになるので（式(8.6)），結局，

$$\boldsymbol{j}_s = -\frac{Q^2 \boldsymbol{A}}{m} \Psi_0^* \Psi_0 \tag{8.10}$$

$\Psi_0^* \Psi_0$ は「超伝導粒子数」すなわちクーパー対の密度 N_s に等しいので，式(8.10)はロンドン方程式そのものである．マイスナー効果は量子力学現象であり，超伝導状態が磁場に対して「変形しにくい」こと，すなわち超伝導状態が「硬い」ことを表している．この「硬さ」はゲージ対称性の破れの帰結であることを示唆している．

8.3 ゼロ抵抗

ロンドン方程式は，超伝導電流が磁場（ベクトルポテンシャル $\boldsymbol{A}$）によって誘起されることを表している．正常（金属）状態の電流と違って，これは電場によって誘起されたものではない．金属や半導体で外部電場により駆動される電流（オームの法則に従う電流）は，熱平衡状態を崩して駆動されるものである．

8.3 ゼロ抵抗

このような電流は，ジュール熱，RI^2 あるいは $\boldsymbol{j}\cdot\boldsymbol{E}=\sigma E^2$，としてエネルギーを外に放出する(エネルギーの散逸を伴う)．式(8.5)のように表される量子力学電流は熱平衡状態下で駆動される電流なので，本質的に，エネルギーの散逸を伴わない．

超伝導体の電気抵抗を測定するときは，外から磁場をかけるわけではなく，超伝導体試料を電流源につなぎ，そこから超伝導体に電流 I を流す．電流が流れていても ($I \neq 0$) 試料の両端の電圧 V がゼロになるので，$V=RI$ から超伝導体の電気抵抗 R はゼロであるとされるのである(図 8-8)．両端の電圧 $V=0$ ということは，超伝導体内部に電場が発生しないことを意味する．

では，電流源から電流が供給されるとき超伝導体内部には何が起こっているのであろうか？ これもまた，ロンドン方程式を導いた量子力学電流の式(8.6)から理解できる．すでに述べたように，超伝導ギャップの存在により，超伝導基底状態 Ψ_0 は外力を受けても「変形」しにくい(準粒子を励起しにくい)状態である．しかし，準粒子の励起を伴わない「変形」も可能である．それは Ψ_0 の「位相」を変えることである，

$$\Psi = \Psi_0 e^{-i\theta} \tag{8.11}$$

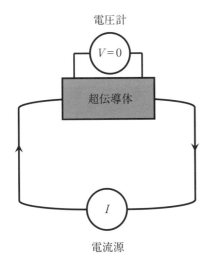

図 8-8 超伝導体のゼロ抵抗測定法．電流源 I から電流を送り，超伝導体の両端に電位差 V が発生しないということでゼロ電気抵抗を確認する．

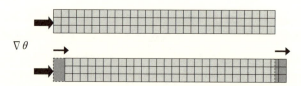

図 8-9 ゲージ対称性の破れた超伝導状態の「硬さ」は「位相固体」として理解される．固体の一方の端を移動させると同時に，他の端が同じだけ移動するように（剛体の平行移動），「位相固体」を構成する電子全体が（等速で）平行移動するのが超伝導電流である．位相差（位相勾配）が超伝導電流を駆動する．

これは量子力学のゲージ変換である．平明にいえば，超伝導状態の「形」を変えず，そのまま「平行移動」させたり（**図 8-9**），「回転」（剛体回転）させたりする操作である（古典力学でも，このような変形にはエネルギーを必要としない）．

式(8.11)のように変形した Ψ を式(8.7)に代入すると（今の場合 $\boldsymbol{A}=0$），

$$\begin{aligned}
\boldsymbol{j}_s &= -\frac{\hbar Q}{2im}[\Psi^*\boldsymbol{\nabla}\Psi-(\boldsymbol{\nabla}\Psi)^*\Psi] \\
&= -\frac{\hbar Q}{2im}[\Psi_0^* e^{i\theta}(-i\boldsymbol{\nabla}\theta)\Psi_0 e^{-i\theta}-(-i\boldsymbol{\nabla}\theta\Psi_0 e^{-i\theta})^*\Psi_0 e^{-i\theta}] \\
&= \frac{\hbar Q}{2im}2i\boldsymbol{\nabla}\theta\Psi_0^*\Psi_0 \\
&= \frac{N_s Q}{m}\hbar\boldsymbol{\nabla}\theta \quad (8.12)
\end{aligned}$$

これが電流源が超伝導体に対して行っていることであり，ゼロ抵抗の本質である．電流源は超伝導体に位相差（位相勾配 $\boldsymbol{\nabla}\theta$）をつけて超伝導電流を駆動しているのである．

式(8.12)は，古典力学の剛体やバネの変形 x と力 F の間の関係 $F=Kx$（フックの法則，K はバネ定数あるいは弾性定数）と同形である．フックの法則は硬い（変形させるには力が要る）という固体の特性を表現しているともいえる．バネ定数 K は硬さを表す尺度であり，K の大きい，より硬い固体を同じだけ変形させるには，より大きな力が必要である．同様に，位相変形 $\boldsymbol{\nabla}\theta$ と超

8.3 ゼロ抵抗

伝導電流密度 j_s との関係は，超伝導体が位相変形，あるいは磁場(ベクトルポテンシャル)の印加に対して「硬い」ということを表している．この意味で，超伝導体を「位相固体」と呼ぶこともある．またバネ定数 K に対応する超伝導体の「硬さ」の尺度は $(N_s Q/m)\hbar$ である．$Q, m, \hbar$ は物質によらない普遍的定数なのでクーパー対の密度 N_s が「硬さ」を表している．

超伝導電流が流れているとき，個々のクーパー対を見ると，$(\boldsymbol{k}+\boldsymbol{q}\uparrow, -\boldsymbol{k}+\boldsymbol{q}\downarrow)$ という組み合わせの対になっていることがわかる．すべての対の重心が静止した状態 $(\boldsymbol{k}\uparrow, -\boldsymbol{k}\downarrow)$ (図 8-10(a), (c))から，すべ

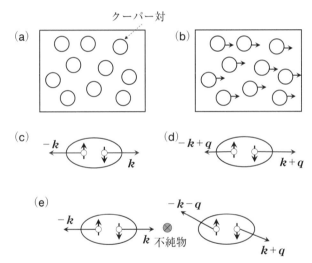

図 8-10 (a)重心が静止している(超伝導電流が流れていない)クーパー対集団と(b)重心が一定速度で動いている(超伝導電流が流れている)クーパー対集団．それぞれの状態でクーパー対を構成するのは(c)，(d)のような運動量をもつ電子である．(e)クーパー対は不純物に出会っても，その重心の運動を変えることがない．クーパー対の一方の電子が運動量を変えても，他方の電子が，その変化分を打ち消すように運動量を変える．通常の超伝導体でのクーパー対は s 波で，超伝導ギャップ(秩序パラメータ) Δ は運動量に依存せず一定である．したがって，電子の運動量がどう変わろうと超伝導秩序に影響を与えない(d 波クーパー対の場合は，Δ が運動量に依存し，運動量が変わるとその符号を変化させるので不純物散乱は超伝導に破壊的な影響を与える[6])．

ての対の重心が $\hbar q/m$ という速度で動く状態に変わっている(図8-10(b), (d)).N_s 個の対が $\hbar q/m$ という速度で動けば,それらによって運ばれる電流は,

$$j_s = \frac{N_s Q}{m} \hbar q \tag{8.13}$$

と表される.式(8.12)と(8.13)を比べると,$\nabla \theta = q$ という対応関係がわかるであろう.すなわち,電流を運んでいるクーパー対の波動関数 Ψ は,電流ゼロの波動関数 Ψ_0 と次の関係(変換)で結ばれていると考えられる,

$$\Psi = \Psi_0 e^{iq \cdot R} \tag{8.14}$$

R は超伝導体内の位置を表す.このように,超伝導(BCS)波動関数の位相を変えるということは,すべてのクーパー対の重心を速度($\hbar q/m$)で動かすことに対応すると考えられる.超伝導電流は,個々のクーパー対が独立に電荷を運んでいるのではなく,すべてのクーパー対が集団で,揃って運動することによって運ばれる電流であることがわかる[*3].

超伝導電流が磁場(A)と位相勾配($\nabla \theta$)によって駆動されることを見たが,両者を併せると,

$$j_s = \frac{N_s Q}{m}(\hbar \nabla \theta - QA) \tag{8.15}$$

いずれにしても電場が現れることはない,本質的に電気抵抗ゼロの状態である.この式で,$\nabla \theta$ が A と同等な役割を果たしていることから,位相勾配に

[*3] 重心が静止($q=0$)しているクーパー対の個々の電子は v_F 程度の速さで運動している.結晶中に不純物や格子欠陥があれば,それに散乱され運動量を変えるであろう.しかし,片方の電子の運動量が k から $k+q$ に変化しても,他方の $-k$ の電子の運動量が $-k-q$ のように変化すれば重心は静止したままである(図8-10(e)).超伝導状態では多くのクーパー対が連携して集団として振舞うために,($k\uparrow, -k\downarrow$)のクーパー対と($k+q\uparrow, -k-q\downarrow$)のクーパー対が区別できない同等なものになっている.個々の電子の運動量だけを変化させる(弾性散乱)ような弱い摂動(例えば,不純物ポテンシャル)ではクーパー対を壊すことはできないので,超伝導状態に影響を与えないのである.

より駆動された超伝導電流(ゼロ抵抗)もその本質はマイスナー効果であることがわかる．ロンドン方程式(8.1)と(8.15)を比べると，式(8.15)はロンドン方程式のベクトルポテンシャル A を

$$A' = A - \frac{\hbar}{Q} \nabla \theta \tag{8.16}$$

に置き換えたものである．これは古典電磁気学のゲージ変換そのものである．A も A' も同じマクロな磁場 B を与えるベクトルポテンシャルではあるが，超伝導では異なった電流を与える．これは，超伝導状態がゲージ対称性の破れた状態であることを強く示唆している．

超伝導体というマクロな量子力学系でクーパー対の流れ(超伝導電流)を制御しているのが位相 θ である．位相の異なる2つの超伝導体を接触させると，クーパー対は，位相の大きい方から小さい方へと移動する(**図 8-11**(a))．これがジョセフソン(Josephson)効果である．超伝導体試料を電流源につなぐと，電流源は超伝導体内のクーパー対の運動を駆動する．式(8.14)からわかるように，これが超伝導体に位相差をつくるのである(超伝導電流が流れている超伝導体は，わずかに位相の違う無数の超伝導体が直列に並んだ状態と解釈す

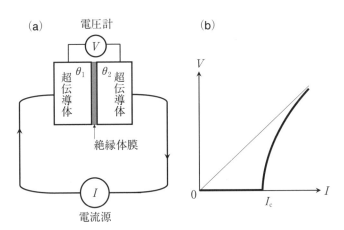

図 8-11 （a）2つの超伝導体とそれらを隔てる絶縁体膜でつくられるジョセフソン接合．（b）（a）のジョセフソン接合を含む回路の電流-電圧(I-V)特性．接合には超伝導電流が流れるが，電流を臨界値 I_c 以上に増やすと接合に電圧が発生する．

ることができる)．電流源から電子が超伝導体の一方の端に送り込まれると，その端から次々と新たなクーパー対がつくられる．それらが「圧力」となり，クーパー対全体が移動する結果，他方の端のクーパー対をどんどん超伝導体外に追い出すと考えればよい．

8.4 マクロ電子コヒーレンス：ジョセフソン効果，磁束量子化[9]

ジョセフソン効果

位相の異なる2つの超伝導体を接触させると，クーパー対は位相の大きい方から小さい方へと移動する．これがジョセフソン効果の原理である．2つの超伝導体は完全に位相の揃った(それぞれ θ_1 と θ_2)コヒーレントなクーパー対の集団であるが，その位相は，2つの超伝導体で異なっている(それぞれ θ_1 と θ_2)．この2つの超伝導体を接近させると，両者の位相を揃えるように一方から他方へと位相差($\theta_1 - \theta_2$)に比例した超伝導電流が流れる(図8-11(a))．同じ位相をもつコヒーレントな量子状態の領域が2つの超伝導体に拡大するのである．

実際のジョセフソン効果は，2つの超伝導体を 10-100 Å の厚さの絶縁体薄膜をはさんでつくった接合(ジョセフソン接合)をクーパー対がトンネルする現象をさす．ジョセフソン接合を電流源につなぎ，時間変化しない直流電流 I を流したとする．このとき，2つの超伝導体の位相差($\theta_1 - \theta_2$)は電流 I で決まる値に固定されている．I は超伝導電流なので接合の両側には電圧は発生しない．電流を増やし，ある値 I_c を超えると電圧が出始める(図8-11(b))．I_c を臨界電流という．

超伝導量子干渉計(SQUID)

半円形の2つの超伝導体ストリップの両端でジョセフソン接合をつくりリングにした超伝導回路を「超伝導量子干渉計」(SQUID素子)という(図8-12(a))．このリング状の素子の径は，通常，数 mm の大きさである．片方の超伝導スリップから2つの接合を経由してもう一方の超伝導スリップに電流 I を

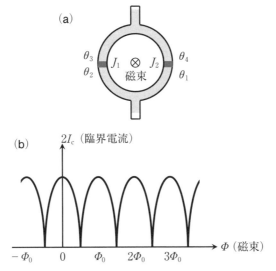

図 8-12 （a）2つのジョセフソン接合でつくられるリング状の超伝導量子干渉計（SQUID）素子．2つの接合が，図 8-11（b）のような，同じ特性をもつ場合，素子に流す電流を増加させると有限な電圧が現れるのは電流が臨界値 $2I_c$ に達したときである．（b）外部から素子に垂直な方向に磁場をかけたとき，この電流の臨界値は，リングを貫く磁束に対して周期的に変化する．その周期は量子化磁束 $\Phi_0 = h/2e$ である．

流す．この場合は，電流が $I = 2I_c$ まで接合の両側に電圧は現れない．

この SQUID 素子の円空状の孔を貫く方向に磁場をかけ臨界電流 $2I_c$ がどのように変化するかを見る．臨界電流値が磁束 Φ（磁場を B，孔の面積を A として，$\Phi = B \cdot A$）の関数として周期的に変動することが観測される（図 8-12（b））．その周期は，

$$\Phi_0 = \frac{h}{2e} = 2.067833758 \times 10^{-15} \text{ Wb}$$

という普遍的な値になる．これは極めて小さい値であり，SQUID を超高感度磁気センサーとして微弱な磁場の計測に応用できるのである．SQUID は 10^{-14} テスラの磁場まで検知できる．これは地磁気の強さ（$\sim 10^{-5}$ テスラ）の

10億分の1に相当する．

　SQUID素子で観測される周期的変化は波の干渉，特にメゾスコピック金属リングの電子が示すアハラノフ-ボーム効果，と類似の現象である．メゾスコピック系に比べはるかに大きな数mmの大きさの素子で干渉効果が観測されるのは超伝導体中のクーパー対の高い干渉性(コヒーレンス)の現れである．金属中の電子が位相を保持できる距離 l_ϕ は高々 10 μm であるのに対して，超伝導体では数 mm どころか，原理的には，m～kmの長距離にわたって位相が保持される．

　接合をつくらず1つの超伝導体でリングをつくった場合，あるいは，同じことであるが超伝導体に1つ孔をあけ，そこに磁場をかけたときも同じ周期性が観測される(**図 8-13**(a))．超伝導電流密度を与える式(8.15)を孔の周りを1周する経路 C に沿って積分($\oint$)する，

$$\boldsymbol{j}_\mathrm{s} = \frac{N_\mathrm{s}Q}{m}(\hbar\boldsymbol{\nabla}\theta - Q\boldsymbol{A})$$

$$\oint \boldsymbol{j}_\mathrm{s}\cdot\mathrm{d}\boldsymbol{s} = \frac{N_\mathrm{s}Q}{m}\hbar\oint\boldsymbol{\nabla}\theta\cdot\mathrm{d}\boldsymbol{s} - \frac{N_\mathrm{s}Q}{m}\oint Q\boldsymbol{A}\cdot\mathrm{d}\boldsymbol{s}. \tag{8.17}$$

磁場は超伝導体内部に侵入できないが孔を貫くことができる．そのとき，経路 C を孔から充分遠方にとれば，そこを流れる超伝導電流はゼロ $\boldsymbol{j}_\mathrm{s}=0$ である．

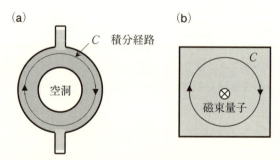

図 8-13　(a)超伝導体に孔をあけてリング状にする．垂直方向に磁場をかけたとき，孔を貫く磁束は $\varPhi_0 = h/2e$ で量子化される．すなわち，磁場は孔を貫くが，磁束が $\varPhi_0 = h/2e$ の整数倍になるような磁場しか許されない．(b)第2種の超伝導体は内部に磁場の侵入を許す．その磁場は，磁束 $\varPhi_0 = h/2e$ となる量子化磁束として超伝導体に侵入する．

8.4 マクロ電子コヒーレンス：ジョセフソン効果，磁束量子化

左辺の積分は消えるので，

$$\hbar \oint \nabla \theta \cdot d\boldsymbol{s} = Q \oint \boldsymbol{A} \cdot d\boldsymbol{s} \tag{8.18}$$

この式の右辺の積分は孔を貫く磁束 Φ である．

$$\left(\text{ストークスの定理，} \oint \boldsymbol{A} \cdot d\boldsymbol{s} = \iint (\nabla \times \boldsymbol{A}) \cdot d\boldsymbol{S} = \iint \boldsymbol{B} \cdot d\boldsymbol{S} \right)$$

左辺の積分は，経路を一周したとき位相の変化は 2π の整数倍 $2\pi n$ でなければならないので，$2\pi n \hbar$ となる．結局，$2\pi n \hbar = Q\Phi$ となり，孔を貫く磁束は，

$$\Phi_n = \frac{h}{Q} n = \frac{h}{2e} n = \Phi_0 n \tag{8.19}$$

のように Φ_0 で量子化される．

　SQUIDリングの場合，臨界電流は Φ_0 の周期で変動するが，リングを貫く磁束が量子化されているわけではない．磁束は連続的に変化できるのである．その理由はリングが2箇所のジョセフソン接合で構成されているからである．2つの接合のところで位相が，それぞれ，θ_1 から θ_2，θ_3 から θ_4 へ変化するとする（図8-12(a)）．超伝導体のリングの太さ（幅）は磁場侵入長 λ_L よりも充分大きいので，その内側では超伝導電流はゼロとしてよい．再び式(8.15)を超伝導体内部の経路（$\boldsymbol{j}_s = 0$）に沿って積分する，

$$\theta_3 - \theta_2 = \frac{Q}{\hbar} \int_{2 \to 3} \boldsymbol{A} \cdot d\boldsymbol{s} \tag{8.20}$$

$$\theta_1 - \theta_4 = \frac{Q}{\hbar} \int_{4 \to 1} \boldsymbol{A} \cdot d\boldsymbol{s} \tag{8.21}$$

両式を足し合わせると，

$$\theta_3 - \theta_2 + \theta_1 - \theta_4 = \frac{Q}{\hbar} \left[\int_{2 \to 3 \to 4 \to 1} \boldsymbol{A} \cdot d\boldsymbol{s} \right]$$

右辺の積分はリングを一周する積分に他ならない．左辺を並び替えると，

$$(\theta_1 - \theta_2) + (\theta_3 - \theta_4) = \frac{Q}{\hbar} \oint \boldsymbol{A} \cdot d\boldsymbol{s} \tag{8.22}$$

左辺は2つのジョセフソン接合で起こる位相差を足し合わせたものであり，右辺の積分はリングを貫く磁束 Φ である．量子化磁束 $\Phi_0 (= h/Q)$ を使って表すと，

$$(\theta_1 - \theta_2) + (\theta_3 - \theta_4) = 2\pi \frac{\Phi}{\Phi_0} \tag{8.23}$$

磁束が量子化されないのは，接合での位相変化が磁束の連続変化を許すよう調整するからである．

量子化磁束

　第2種の超伝導体と呼ばれる多くの超伝導体(特に，超伝導線材として応用されるような超伝導体)では，磁場は表面だけではなく超伝導体内部にも侵入する．磁場は，一様ではなく，ロンドン長λ_L程度の狭い領域に円柱状に局在して離散的に侵入する．この局所的に侵入した磁場(磁束)のことをボルテックス(vortex)あるいは渦糸と呼ぶこともある．侵入した磁場の周りに超伝導渦電流が流れているからである(図8-13(b))．

　1本のボルテックス(渦糸)に注目すると，その中心部分では超伝導が破れている．他のボルテックスが充分離れた位置にあるとき，問題のボルテックスを1つ含んだ空間では孔のあいた超伝導体(超伝導リング)と同じ状況が実現している．ボルテックス近傍では超伝導渦電流が流れているが，そこから離れると電流はゼロと見なせる．したがって，式(8.17)から(8.19)にいたる議論がそのまま使えるので，1本のボルテックスがもつ磁束は磁束量子Φ_0の整数倍($\Phi_n = \Phi_0 n$)でなければならない．第2種超伝導体では，量子化された磁束として磁場が超伝導体内部に侵入できる．また，多数のボルテックスが存在するとき，それらは乱雑に超伝導体中に入っているのではなく規則的に配列する傾向がある．ボルテックスの間に働く力でボルテックスの格子(磁束格子)がつくられている．

8.5　ゲージ対称性の破れ

硬さ

　第4章で述べたように，固体は並進・回転対称性が破れた系であり，超伝導体はゲージ対称性の破れた系である．「硬さ」は「対称性の破れ」の帰結である．超伝導体の「硬さ」とはマイスナー効果であり，ゼロ電気抵抗である．式

8.5 ゲージ対称性の破れ

(8.12)はバネ定数に対応する超伝導体の「硬さ」の尺度は N_s ということを意味している．通常の超伝導体では N_s は大きく（$N_s \gtrsim 10^{22}\,\mathrm{cm}^{-3}$），充分な「硬さ」をもっている．転移温度 T_c で電子対が形成されると同時に，それらは位相の揃ったクーパー対となり，マイスナー効果とゼロ抵抗を示すことがそれを示している[*4]．

トポロジカル欠陥

対称性の破れの帰結は「硬さ」だけではない．トポロジカル欠陥の存在（入りやすさ）もその1つである．固体の場合は転位がトポロジカル欠陥である．超伝導体の場合は，上記の量子化磁束（ボルテックス）として現れる．ボルテックスは，その周りを一周すると超伝導の位相が $2\pi n$ だけ変化するという意味でトポロジカル欠陥である．並進・回転対称性の破れた固体でのトポロジカル欠陥（転位）の存在は，破れた対称性を回復しようという性向の現れであることを 4.2 節で述べた．その結果，固体は硬さを失い，塑性変形を起こしやすくなる．

同様に，超伝導体にトポロジカル欠陥のボルテックスが存在すると「硬さ」を損ない，ゼロ抵抗状態が壊れやすくなる．ボルテックスに垂直な方向に電流を流したとき，ボルテックスは電流から力（ローレンツ力）を受けて，電流と磁場とに垂直な方向に動き出す（ボルテックスフロー）．ボルテックスに付随する磁場が時間変化するのであるから電磁誘導の法則により電場が発生する（図8-14(a)）．この電場の方向は電流と平行な方向であり，見かけ上，電気抵抗が有限になるのと同等である（ゲージ対称性をもつ常伝導状態に戻ったも同然になる）．逆にいえば，超伝導体は磁場の下でゼロ抵抗を維持できないというこ

[*4] 銅酸化物高温超伝導体は1桁以上小さな N_s をもっている[6]．通常の超伝導体に比べ「軟らかい」超伝導体になっている．「軟らかい」超伝導体では電子対はできていても，その位相がなかなか揃わず，マイスナー効果やゼロ抵抗を示すのはさらに温度を下げてからになる．高温超伝導体がこのような「軟らかい」超伝導体であるのは不思議という他はない．位相が揃う温度 T_c（〜100 K）がすでに通常の超伝導体の T_c より1桁以上高いのである．電子対ができるのは 100 K よりはるかに高い温度であると考えられている．

154　第8章　超伝導

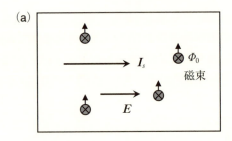

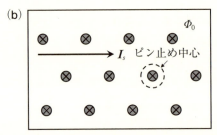

図8-14　(a)磁束(ボルテックス)として磁場が侵入した超伝導体に磁場に垂直方向に電流を流す．磁束は電流からローレンツ力を矢印の向きに受け，その方向に移動する．ボルテックス(磁場)の運動は，電流と同じ向きに電場を発生させる(電磁誘導の法則)．発生した電場は電流に比例して大きくなるので，これは超伝導体がオーミック抵抗をもつことと同等である．磁束の侵入は，容易に超伝導(ゼロ抵抗)を破れることがわかる．(b)磁束と磁束との間には力が働いていて，それらを規則的に整列させる(磁束格子をつくる)．超伝導体中に超伝導が局所的に破れた(弱くなった)場所があると，その場所には磁場が容易に侵入できるので，磁束にとって安定な場所になる．その場所にある磁束は，電流からローレンツ力を受けても動くことができなくなる(磁束のピン止め)．一本の磁束がピン止めされると，格子を形成する磁束間の力のために，磁束格子全体が動けなくなる．したがって，電流を流しても内部に電場は誘起されず，ゼロ抵抗状態が持続する．

とになる．

　超伝導体結晶中の不純物や格子欠陥の近くでは超伝導(の秩序パラメーター)が多少とも弱くなっている．そのような場所には磁場が侵入しやすい．したがって，ボルテックスにとっては，そのような場所はポテンシャルの谷間であり，居心地がよいだけではなく，そこから抜け出すのに力が要ることになる(磁束のピン止めという)．ピン止め力が電流からの力より強ければ，ボルテッ

8.5 ゲージ対称性の破れ

クスが動き出すことはない(図8-14(b))．したがって，現実の超伝導体は，電流がある臨界値(臨界電流密度)を越えるまでゼロ抵抗を維持できるのである．大量の電流を流す必要のある超伝導実用線材では人工的に不純物や欠陥を導入して強い磁束のピン止め力をつくりだしている[10]．

不確定性関係

以上のように超伝導は長距離にわたってクーパー対波動関数の位相が揃った量子力学状態である．超伝導状態では，位相 θ は量子力学変数であり観測可能な物理量となっている．位相を変えること，$\psi' = \psi e^{-i\theta}$ は量子力学のゲージ変換である．量子力学の基本方程式，例えば，シュレジンジャー方程式，はゲージ変換に対して不変であり，観測可能な物理量も，ψ とその複素共役 ψ^* との対，$\psi^*\psi$ あるいは $\psi^*\mathcal{H}\psi$ (前者は粒子数，後者はエネルギー)のような期待値，で表されるので θ によらず不変である．超伝導ではゲージ変換に対する不変性(ゲージ対称性)が破れており，位相が確定した値をもつ物理量として表に現れてくる[*5]．

位置 x と運動量 p，あるいは時間 t とエネルギー E との関係と同じに，量子力学での位相 θ は粒子数 N と密接な関係をもっている．両者の間に不確定性原理，$\Delta N \Delta \theta \sim 1$ が働く．量子力学変数としての位相が確定する($\Delta \theta \sim 0$)ためには粒子数が大きくゆらぎ，不確定($\Delta N \sim \infty$)にならなければならない．実際，BCS波動関数 Ψ_0 はクーパー対密度 N_s を中心に，そこから少しはずれたクーパー対密度 N に対応する波動関数 Ψ_N も成分として含むように構成されている[4]．

$$\Psi_0 = \sum_N \alpha_N \Psi_N \tag{8.23}$$

係数 α_N は N_s を中心に ΔN の範囲でのみ有限の値をとる．具体的には，体積 $1\,\mathrm{cm}^{-3}$ の超伝導体で，$N_s \sim 10^{22}$，$\Delta N \sim N_s^{1/2} \sim 10^{11}$ 程度の数であれば，位相が $\Delta \theta \sim 10^{-11}$ ($\Delta N \Delta \theta \sim 1$) 程度に確定した状態をつくれる (図8-15)．マク

[*5] 量子力学でゲージ対称性をもつということは，粒子数が不変(粒子数保存の法則)であることを意味している．

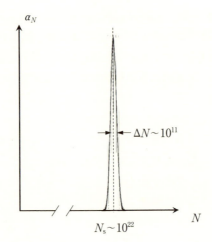

図 8-15 超伝導基底状態を記述する BCS 波動関数は，さまざまな粒子数 N（クーパー対の数）の波動関数 Ψ_N の重ね合わせである．N の分布 a_N は，ある値 N_0 を中心に非常に鋭いピークを示す．グラフはその分布幅を誇張して描いているが，実際の幅は目に見えないほど狭い．

口に見れば，粒子数のゆらぎも $\Delta N/N \sim 10^{-11}$ であり，粒子数も位相もほぼ確定した状態ができていることになる．これが超伝導というマクロにコヒーレントな状態に他ならない．現実の超伝導体でクーパー対の密度がどのようにゆらいでいるかは議論のあるところである．電流源(ゼロ抵抗)や別の超伝導体との接触(ジョセフソン接合)のような外界との粒子のやり取りによって数をゆらがせているという考えもある．

参考文献

超伝導の標準的な参考書は，
[1] 中嶋貞雄，「超伝導入門」，培風館(1971).
[2] M. Tinkham, "Introduction to superconductivity", McGraw Hill(1975). 日本語訳は，青木亮三，門脇和男，「超伝導入門」，物理学叢書，吉岡書店(1992).
[3] P. G. de Gennes, "Superconductivity of Metals and Alloys", W. A. Benjamin, Inc. (1966).

8.5　ゲージ対称性の破れ

[4]　J. Bardeen, L. N. Cooper, and J. R. Schrieffer, Phys. Rev. **108**, 1175(1957).
　高温超伝導銅酸化物の最新のレビューは，
[5]　B. Keimer, S. A. Kivelson, M. R. Norman, S. Uchida, and J. Zaanen, Nature **518**, 179(2015).
[6]　N. N. Bogoliubov, Soviet Physics JETP **34**, 58(1958).
[7]　電流の式，L. I. Schiff, "Quantum Mechanics", McGraw Hill(1955).
[8]　R. P. Feynman, "Statistical Mechanics", Benjamin, Inc. (1971).
　一般読者向けに書かれたものとして，基礎的な解説，
[9]　中嶋貞雄，「マクロ量子現象：超伝導と超流動」，講談社(2000)．
　応用の基礎となる解説，
[10]　村上雅人，「高温超伝導の材料科学　応用の礎として」，内田老鶴圃(1999).

索　引

あ
アクセプター準位 …………………… 45
InSb ………………………………… 74
アインシュタイン(Einstein)の式 ……… 60
アハラノフ-ボーム(Aharanov-Bohm)効果
　(AB効果) ……………………… 78, 150
アモルファス(非晶質)金属 …………… 66
アルカリ金属 ………………………… 33
α-Sn ………………………… 101, 105
アルミニウム …………………… 36, 100
アンダーソン(Anderson)局在 …… 111, 113

い
異常ホール効果 ……………………… 75
位相欠陥 ………………………… 54, 153
位相勾配 …………………………… 144
位相固体 ………………………… 54, 145
位相コヒーレンス …………………… 131

う
ヴィーデマン-フランツ(Wiedeman-Franz)
　則 ………………………………… 89
渦糸 ………………………………… 152
運動エネルギーの利得 ……… 8, 18, 20, 38

え
AlAs ………………………………… 107
HgTe …………………………… 74, 105
AB効果 ……………………………… 78
A15構造 …………………………… 110
sp^3混成軌道 …………………… 37, 103
s波クーパー対 …………………… 134
s波電子対 ………………………… 133
X線回折 …………………………… 12
N型半導体 ………………………… 43
Nb_3Sb …………………………… 110

エネルギー
エネルギーギャップ …………… 30, 100
エネルギーバンド ……………… 2, 17
LED …………………………… 39, 93, 100
LSI ………………………………… 82
エントロピー ……………………… 85, 90

お
オーミック電流 …………………… 58
オーム(Ohm)の法則 ……………… 2, 55
重い正孔 ………………………… 104

か
カーボンナノチューブ …………… 82, 87
回転対称性 ………………………… 52
拡散運動 …………………………… 57
拡散係数 ………………………… 60, 89
拡散速度 …………………………… 57
化合物半導体 ……………………… 39
重なり積分 ………………………… 25
硬さ ………………………………… 53
　超伝導体の—— ………… 142, 152
価電子軌道 ………………………… 34
価電子帯 …………………………… 39
価電子配置 ………………………… 41
価電子バンド ……………………… 34
下部ハバード(lower Hubbard)バンド
　…………………………………… 123
軽い正孔 ………………………… 104
間接ギャップ …………………… 106
完全結晶 ………………………… 2, 51
完全占有 ………………………… 31
完全反磁性 ……………………… 137
　——体 ……………………… 131
完全反射 ………………………… 99

き

軌道角運動量 ……………………… 26
軌道混成 …………………………… 38
軌道準位のエネルギー …………… 23
軌道波動関数 ……………………… 22
基本格子ベクトル ………………… 9
奇妙な金属 ………………………… 125
逆格子ベクトル ………………… 12,70
キャリア …………………………… 45
　　　──の散乱機構 ……………… 84
強磁性 ……………………………… 4
共有結合 …………………………… 32
局在 …………………………… 5,111
局在性 ……………………………… 122
際どい局在 ………………………… 77
金 …………………………… 66,90,100
銀 ……………………………… 90,100
金属 ………………………………… 28
金属ガラス ………………………… 66
金属結合 ………………………… 32,66
金属光沢 ………………………… 93,97
金属-絶縁体転移 ………………… 113
金属疲労 …………………………… 52
金属リング ………………………… 78

く

空間電荷 …………………………… 117
空間微分演算子ベクトル ………… 8
クーパー対 ………………………… 131
　　s波── ……………………… 134
　　　──の解離 ………………… 135
　　d波── …………………… 134,145
クーロン島 ………………………… 81
クーロン斥力 ………………… 116,117
　　　──相互作用 ……………… 4
クーロンブロッケード効果 ……… 82
屈折率 ……………………………… 97
久保公式 …………………………… 58
グラフェン ……………………… 86,87
Kramers-Kronig 関係式 …………… 96
クロメル・アルメル熱電対 ……… 85

け

群速度 ……………………………… 48
ゲージ対称性 ………………… 141,153
　　　──の破れ … 53,131,142,147,152
ゲージ変換 …………………… 141,147,155
結合軌道 ……………………… 20,38
　　　──バンド ………………… 39
結合力 ……………………………… 2
結晶運動量 …………………… 10,11,17,49
ゲルマニウム ………………… 39,101,103
元素の周期表 ……………………… 32

こ

高温超伝導 …………………… 100,126
光学伝導度 ………………………… 93
交換相互作用 ……………………… 125
格子欠陥 ………………………… 2,52
格子振動 ………………………… 2,63
格子定数 …………………………… 110
格子ベクトル ……………………… 9
　　基本── ……………………… 9
　　逆── ……………………… 12,70
固体の光学的性質 ………………… 93
コバルト …………………………… 120
コヒーレント状態 ………………… 128
コヒーレントな量子状態 ………… 148
混成軌道 …………………………… 37
コンダクタンス …………………… 78

さ

最外殻軌道 ………………………… 33
サイクロトロン周波数 …………… 75
Ⅲ-Ⅴ族化合物半導体 ………… 103,106
$3d$軌道 …………………………… 120
散乱項 ……………………………… 57
散乱時間 …………………………… 59
残留抵抗 …………………………… 63

し

$Ga_{1-x}Al_xAs$ …………………………… 107

索引

GaN ·· 107
GaAs ·· 39, 107
CdTe ·· 40
時間反転対称性 ································· 52
磁束格子 ··· 152
磁束のピン止め ································ 154
磁束の量子化 ··································· 131
質量の増大 ······································· 66
質量補正項 ······················· 102, 104, 106
磁場侵入長 ····································· 139
遮蔽距離 ·· 118
遮蔽効果 ································· 117, 122
「自由」な電子 ···································· 5
シュブニコフ–ドハース
　(Shubunikov-de Haas) 振動 ············ 76
シュレディンガーの描像 ······················· 7
シュレディンガー方程式 ······················· 8
準粒子 ··· 135
　――描像 ······································· 111
　超伝導―― ······················ 135, 136, 142
状態密度 ···································· 60, 89
上部ハバード(upper Hubbard)バンド
　··· 123
ジョセフソン(Josephson)効果
　·· 131, 147, 148
ジョセフソン接合 ···························· 148
シリコン ······························ 36, 101, 103
真空管 ·· 81
zincblende ·· 40

す

水銀 ··· 65
水素原子モデル ································· 26
水素分子 ····································· 18, 27
SQUID素子 ···································· 148
錫 ·· 90
　　α-―― ································ 101, 105
　　β-―― ·· 106
スピン角運動量 ································· 22
スピン・軌道相互作用 ················· 75, 102
スピンホール効果 ····························· 75

せ

正孔 ································· 14, 45, 58
　重い―― ······································ 104
　軽い―― ······································ 104
　――ドーピング ···························· 125
ゼーベック効果 ································· 83
絶縁体 ······························ 28, 113, 120
接触抵抗 ··· 56
ZnS ··· 40
セリウム ······································· 120
ゼロ抵抗 ································· 54, 131
ゼロ電気抵抗 ·································· 153

そ

相互作用の無力化テスト ··················· 127
創発 ·· 8
束縛 ·· 8
塑性変形 ···································· 52, 55

た

ダイヤモンド ···················· 2, 87, 100, 103
　――構造 ································ 37, 100
第1ブリュアン(Brillouin)帯
　······································ 13, 26, 47, 70, 107
対称性の破れ ··································· 52
帯磁率 ····································· 76, 137
タリウム ·· 66
単一電子トランジスター ····················· 82
単位胞 ··· 9
ダングリングボンド ·························· 55
弾性散乱 ··· 61
弾性変形 ··· 54
弾道伝導 ··· 78

ち

遅延相互作用 ·································· 132
超LSI ··· 82
長距離力 ·· 118
超交換相互作用 ······························· 125
超格子界面 ······································ 74
超伝導 ····················· 4, 53, 126, 128, 131

――ギャップ……………………136
――準粒子………………135, 136, 142
超伝導体の「硬さ」………………142, 152
超伝導の秩序パラメーター………137, 154
超伝導電流………………………………131
――密度…………………………139
超伝導量子干渉計(SQUID素子)………148
超流動……………………………………135
直接ギャップ……………………………106

つ

強く束縛された電子の近似………25, 32, 103

て

d波クーパー対……………………134, 145
鉄…………………………………………120
デバイ温度……………………64, 86, 110
デルタ関数…………………………………48
テルル化水銀(HgTe)……………………105
電荷キャリア………………………………45
――の寿命………………………57
電荷遮蔽…………………………………116
電荷の遮蔽効果……………………………81
電気抵抗の飽和……………………111, 125
電気抵抗標準………………………………77
電気抵抗率…………………………………57
電気伝導度…………………………………57
電子間相互作用……………………………21
――を無力化……………………115
電子間の引力……………………………126
電子間のクーロン相互作用………27, 109
電子-正孔再結合…………………………107
電子-正孔対形成…………………………89
電子-正孔対励起……………………96, 100
電子-電子散乱……………………………64
電子の局在…………………………………111
電子の古典的粒子描像………………………3
電子の寿命………………………………118
電子配置……………………………………33
電子波の干渉……………………………111
――効果…………………………78

電磁波の吸収………………………………96
電子-フォノン散乱………………………111
電子ボルト…………………………………15
伝導帯………………………………………39

と

銅………………………………90, 100, 110
銅酸化物…………………………………100
銅酸化物高温超伝導………………………43
――体……………………………153
ドーピング……………………………41, 125
ドルデ(Drude)の式………………………57
ドルデの電気伝導度………………………65
ドルデモデル………………………………94
特殊相対論効果……3, 26, 35, 66, 100, 102, 106
ドナー準位…………………………………42
ドハース-ファンアルフェン
 (de Haas-van Alphen)振動…………76
ド・ブローイ波…………………………1, 47
トポロジカル(位相)欠陥……………54, 153
トランジスター……………………………82
ドリフト運動………………………………57
ドリフト拡散運動…………………………47

な

内殻軌道……………………………………33
ナトリウム…………………………………33
鉛……………………………………67, 90

に

ニオブ……………………………………110
――合金(Nb$_3$Sb)……………110
2次元電子系………………………………76
2次の相転移……………………………131
二重占有…………………………………122
2種類の磁場……………………………137
2電子の束縛状態………………………128
ニュートン方程式…………………………49
――ポテンシャル……………118
II-VI族化合物半導体………………103, 106

索　引

ね

ネール(Néel)温度 ……………………125
ネオジウム ……………………………120
ネオン …………………………………66
熱-電気変換 ……………………………85
熱電効果 …………………………………3
熱電対 …………………………………85
熱伝導 ………………………………1,86
熱平衡状態 ……………………………84
熱流束密度 ……………………………88

は

パウリ(Pauli)の原理
　　　　　　……………4,21,62,114,118,138
白色錫(β-Sn) ………………………106
波数 ……………………………………17
波数ベクトル …………………………10
波束 ………………………………47,88
発光ダイオード(LED) …………39,93,100
波動関数の重なり …………20,25,34,38
波動性 …………………………………1
バリスティック(弾道)伝導 …………78
反強磁性 ………………………………4
反結合(antibonding)軌道 ………20,38
反射率 …………………………………97
半占有 …………………………………31
半導体 ………………………………3,36
　　N 型── ………………………43
　　化合物── ……………………39
　　Ⅲ-Ⅴ族化合物── ………103,106
　　Ⅱ-Ⅵ族化合物── ………103,106
　　──のヘテロ接合 ……………74
　　──ホール素子 ………………75
　　──レーザー …………………100
　　P 型── ………………………71
　　不純物── …………………43,71
バンド間遷移 …………………………96
バンドギャップ ………………………30
バンド構造 …………………………22,28
バンド指数 ……………………………25
バンド占有 ……………………………30

バンドの幅 ……………………………25
バンド理論 …………………………17,114
反結合軌道バンド ……………………39

ひ

P 型半導体 ……………………………71
BCS 凝縮 ……………………………135
BCS 波動関数 ………………………141
BCS 理論 ……………………………127
微細構造定数 ……………………35,102
非晶質金属 ……………………………66
ビスマス ………………………………67
非占有 …………………………………32
非弾性散乱 ……………………………63

ふ

フーリエの法則 ………………………86
フェルミ液体効果 ………………81,118
フェルミエネルギー …………………70
フェルミ準位 ………………………59,88
フェルミ速度 …………………………59
フェルミ面 …………………………62,70
フェルミ粒子 ………………………4,27
フォノン …………2,63,86,90,110,132
　　──散乱 ……………………64,89
　　──・ドラッグ ………………86
　　──を介した引力相互作用 …133
不確定性原理 ………………………5,155
不完全結晶 ……………………………55
不完全占有 ……………………………30
複素屈折率 ……………………………98
不純物 ………………………………2,51
不純物散乱過程 ………………………58
不純物(ドナー)準位 …………………42
不純物半導体 ………………………43,71
負の質量 …………………………14,44
プラズマ振動数(周波数) ……95,97,99
プラズマ端 ……………………………99
プランク定数 …………………………5
ブロッホ(Bloch)関数 ……………10,23
ブロッホ振動 ……………………5,50,55,71

ブロッホの定理···9
ブロッホ波(波束)
　··47, 48, 61, 62, 65, 72, 109
　──の群速度·······································69
ブロッホ波動関数···································61
分子軌道··38
フント規則···123

へ

閉殻構造··66
平均散乱時間···57
平均自由行程·························59, 109, 110
並進・回転対称性·································53
並進対称性···52
β-Sn ··106
ベクトルポテンシャル······················139
ヘリウム··66
　──原子··135
遍歴··17
　──性··113

ほ

ボーズ粒子···134
ホール易動度···74
ホール移動度···74
ホール係数···73
ホール効果···3, 70
　異常──··75
ホール抵抗···76
ホール電圧···73
ホール電場···71
ポテンシャル井戸·································11
ボルテックス·······································152

ま

マイスナー効果·······················54, 131, 137
マグネシウム···35
マクロな位相コヒーレンス···············131
マチーセン(Mattheissen)則·················64
マックスウェル方程式·························52
マンガン···120

──酸化物·······································121

み

ミグダル(Migdal)条件·······················133
ミクロな磁場·······································138

む

無力化テスト·······································118

め

メゾスコピック金属リング···············150
メゾスコピック系·································78
メタン··37

も

モット(N. Mott)絶縁体···············120, 125

ゆ

湯川型ポテンシャル···························117
有効質量·······························14, 58, 74
誘電関数··96
誘電体··94
誘電分極··95

よ

4端子法··56

ら

ランダウアー(Landauer)の公式·········79
ランダウ(Landau)準位·························75
ランダウ反磁性·····································76

り

粒子数のゆらぎ···································156
粒子性··1
量子力学的ゼロ点振動·························54
量子化磁束·······················149, 150, 151, 152
量子コンダクタンス·····························79
量子ドット···81
量子ホール効果·······················4, 76, 113
量子ホール抵抗·······························77, 80

量子力学ゲージ変換··················140
量子力学ゼロ点運動··················1
量子力学電流密度··················141
量子力学の重ね合わせの原理··········19
臨界電流密度··················149, 155

ろ
ローレンツ(Lorenz)数··················89

ローレンツ力··················3, 69, 154
ロンドン長··················139
ロンドン方程式··················139, 143, 147

わ
ワニエ(Wannier)関数··················48

MSET : Materials Science & Engineering Textbook Series

監修者

藤原 毅夫	藤森 淳	勝藤 拓郎
東京大学名誉教授	東京大学教授	早稲田大学教授

著者略歴

内田 慎一（うちだ しんいち）
1948年　東京に生まれる
1971年　東京大学工学部物理工学科卒業
1976年　東京大学大学院工学系研究科博士課程修了（工学博士）
1976年　東京大学工学部助手
1981年　（西独，当時）マックス・プランク研究所グルノーブル（仏）強磁場研究所客員研究員
1987年　東京大学工学部総合試験所助教授
1992年　東京大学大学院工学系研究科超伝導工学専攻教授
1999年　東京大学大学院新領域創成科学研究科物質系専攻教授
2002年　東京大学大学院理学系研究科物理学専攻教授
2013年　東京大学名誉教授

2015年12月17日　第1版発行

検印省略

物質・材料テキストシリーズ

固体の電子輸送現象
半導体から高温超伝導体まで そして光学的性質

著　者 ©内田　慎一
発行者　内田　学
印刷者　山岡　景仁

発行所　株式会社　内田老鶴圃　〒112-0012 東京都文京区大塚3丁目34-3
電話（03）3945-6781(代)・FAX（03）3945-6782
http://www.rokakuho.co.jp/
印刷・製本/三美印刷 K.K.

Published by UCHIDA ROKAKUHO PUBLISHING CO., LTD.
3-34-3 Otsuka, Bunkyo-ku, Tokyo 112-0012, Japan

U. R. No. 619-1

ISBN 978-4-7536-2304-4 C3042

共鳴型磁気測定の基礎と応用　高温超伝導物質からスピントロニクス,MRIへ
北岡 良雄 著　A5・280頁・本体4300円

物質・物性・材料の研究において学際的・分野横断的な新しいサイエンスを切り拓く可能性を秘める共鳴型磁気測定について,その基礎概念の理解と応用展開をできるだけやさしく,分かりやすく,連続性を保ちながら執筆したテキスト.

はじめに／共鳴型磁気測定法の基礎／共鳴型磁気測定から分かること（Ⅰ）：NMR・NQR／NMR・NQR測定の実際／物質科学への応用：NMR・NQR／共鳴型磁気測定から分かること（Ⅱ）：ESR／共鳴型磁気測定法のフロンティア

固体電子構造論　密度汎関数理論から電子相関まで
藤原 毅夫 著　A5・248頁・本体4200円

本書は,量子力学と統計力学および物質の構造に関する初歩的知識で,物質の電子構造を自分で考えあるいは計算できるようになることを目的としている.電子構造の理解,そして方法論開発へ前進するに必携の書である.

結晶の対称性と電子の状態／電子ガスとフェルミ液体／密度汎関数理論とその展開／1電子バンド構造を決定するための種々の方法／金属の電子構造／正四面体配位半導体の電子構造／電子バンドのベリー位相と電気分極／第一原理分子動力学法／密度汎関数理論を超えて

シリコン半導体　その物性とデバイスの基礎
白木 靖寛 著　A5・264頁・本体3900円

本書は半導体物理,半導体工学を学ぼうとする大学学部生の入門書・教科書から大学院や社会で研究開発する方の参考書となるよう執筆されている.シリコン半導体の物性とデバイスの基礎を中心に詳述しているが,半導体に関する重要事項も網羅する.

はじめに／シリコン原子／固体シリコン／シリコンの結晶構造／半導体のエネルギー帯構造／状態密度とキャリア分布／電気伝導／シリコン結晶作製とドーピング／pn接合とショットキー接合／ヘテロ構造／MOS構造／MOSトランジスタ（MOSFET）／バイポーラトランジスタ／集積回路（LSI）／シリコンパワーデバイス／シリコンフォトニクス／シリコン薄膜デバイス

高温超伝導の材料科学　応用への礎として
村上 雅人 著　A5・264頁・本体3800円

強相関物質の基礎　原子,分子から固体へ
藤森 淳 著　A5・268頁・本体3800円

遍歴磁性とスピンゆらぎ
高橋 慶紀・吉村 一良 共著　A5・272頁・本体5700円

磁性入門　スピンから磁石まで
志賀 正幸 著　A5・236頁・本体3800円

バンド理論　物質科学の基礎として
小口 多美夫 著　A5・144頁・本体2800円

遷移金属のバンド理論
小口 多美夫 著　A5・136頁・本体3000円

金属電子論　上・下
水谷 宇一郎 著
上：A5・276頁・本体3200円
下：A5・272頁・本体3500円

金属電子論の基礎　初学者のための
沖 憲典・江口 鐵男 著　A5・160頁・本体2500円

ヒューム・ロザリー電子濃度則の物理学
FLAPW‐Fourier理論による電子機能材料開発
水谷 宇一郎・佐藤 洋一 共著　A5・248頁・本体6000円

量子光学の基礎　量子の粒子性と波動性を統合する
古澤 明 著　A5・184頁・本体3500円

半導体材料工学　材料とデバイスをつなぐ
大貫 仁 著　A5・280頁・本体3800円

表示価格は税別の本体価格です.

http://www.rokakuho.co.jp/